Into Amazon

走进亚马孙

张树义 等◎著

U0195613

作者名单

张树义　刘聆溪　虞思来　陶　韬　封楚君

杨呈杰　罗予豪　王志恒　冯乐程　赵小苓

刘惠明　李　健　曾　武　黄　夏　罗雅丹

何　丽　李　颐　罗　伟　甘霖莉　曹晓苏

王陆军　赵诗晨　张俊鹏　王连毕　刘春玉

王　姝　王　喆

另：摄像部分感谢罗雅丹团队的支持

海洋出版社

图书在版编目 (CIP) 数据

走进亚马孙 / 张树义等著 . —北京：海洋出版社，2016.6
ISBN 978-7-5027-9417-0

Ⅰ . ①走… Ⅱ . ①张… Ⅲ . ①热带雨林—介绍—南美洲 Ⅳ . ① S717.1

中国版本图书馆 CIP 数据核字（2016）第 083757 号

总 策 划：刘 斌
责任编辑：刘 斌 苏 勤
责任校对：肖新民
责任印制：赵麟苏
排 版： 文化·邱特聪

出版发行：海洋出版社

地 址：北京市海淀区大慧寺路 8 号（716 房间）
100081
经 销：新华书店
技术支持：（010）62100055

发行部： （010）62174379（传真）（010）62132549
（010）68038093（邮购）（010）62100077
网 址：www.oceanpress.com.cn
承 印：中煤（北京）印务有限公司
版 次：2016 年 6 月第 1 版
2016 年 6 月第 1 次印刷
开 本：170mm×230mm 1/16
印 张：13.75
字 数：336 千字
印 数：1 ~ 4000 册
定 价：55.00 元

本书如有印、装质量问题可与发行部调换

自序

张树义

在我迄今为止的人生中，曾先后六次去南美亚马孙热带雨林。前两次是在 1991—1993 年，我在法国巴黎居里大学就读博士研究生期间，在法属圭亚那原始森林里生活和工作了 19 个月，开展生态学研究；第三次是 2002 年，陪同当时的中国科学院院长路甬祥先生到巴西，洽谈中巴科学院之间的合作；第四次是 2008 年，带领万科董事长王石先生等一行到我曾经工作过的生态站和巴西旅行并考察；第五和第六次分别是 2014 年和 2015 年的春节，带队去亚马孙上游的秘鲁，开展科考、摄影和旅行活动。

本书介绍的是第六次去亚马孙上游国家秘鲁的旅行记录。每次去亚马孙，看到的东西都不完全一样，感受也不尽相同。比如说，我前五次去亚马孙，都未能进入土著印第安部落，第六次才终于得以跟他们一起跳舞、试用他们的吹管箭。

可以说，亚马孙那片热带雨林，成了我生命和灵魂的一部分。我曾经在《野性亚马孙》一书中这样写道：这片热带雨林是"古朴的美、绝妙

的诗、醉人的梦、神奇的谜"。我曾经出过几本书，也写过一些科普文章，但我的叙述方式通常是平铺直叙，没有华丽的词汇和过多的文学修饰。以上十六个字，可能是我使用过的最有"情调"的表达了。说她古朴，因为她是在纯自然状态下经过亿万年时间进化而来的；说她绝妙，是因为在这片雨林里形形色色的物种不仅多样，而且很多很多是充满了美和奥妙；说她醉人，是因为徜徉在这片雨林里，呼吸清新湿润的空气，听各种鸟语，闻大地和植物的味道，你会陶醉其中；说她神奇，是因为她浩瀚无边又千变万化，尤其是雨过天晴之际，水汽从森林里渺渺升起、瞬息万变，宛若仙境一般。

亚马孙热带雨林，不知我还能否再去第七次！

目录

2015 年 2 月 12 日傍晚，一群人，共 30 位，先后聚集到了上海浦东机场，准备飞往地球的另一端：位于秘鲁的亚马孙河上游，做一次为期半个月的科考和摄影之旅。

第 1 天
Day 1

上海浦东机场，
出发前的序曲

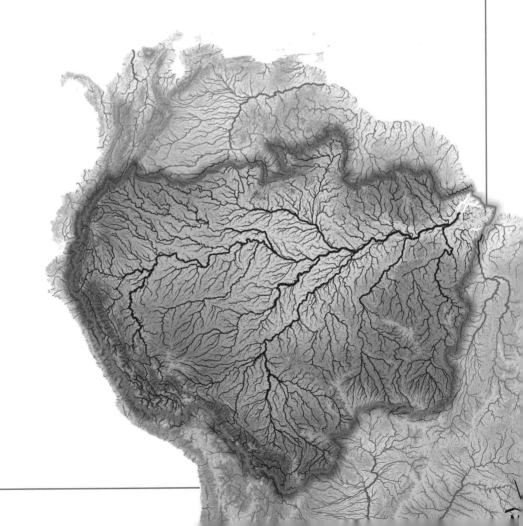

2015 年 2 月 12 日傍晚，一群人，共 30 位，先后聚集到了上海浦东机场，准备飞往地球的另一端：位于秘鲁的亚马孙河上游，做一次为期半个月的科考和摄影之旅。

为了不让从外地早到的旅行者感觉孤单，我下午 5 点多就到了机场。这时，有 8 位同行者已经到了。他们分别是来自长沙科教电视台的主持人罗雅丹、编导曾武、摄像师刘惠明，来自福建的李健和她的女儿刘聆溪，舟山日报的摄影记者赵诗晨，还有一位活泼少年王志恒和他的妈妈何丽女士。

　　我跟 8 个人见面打过招呼之后，便首先跟 3 位电视人聊起他们的拍摄思路。我提出如下建议，要有 4 条主线：第 1 条是科学主线，因为亚马孙是地球上生物多样性最丰富的地方，涉及动植物的科学问题非常多；第 2 条是科普主线，因为此次科考的小主人公是学生，他们的科考过程对同龄人会有启迪和帮助；第 3 条是历史主线，因为亚马孙印第安人，尤其是印加文化的代表——马丘比丘，是非常值得探究的人文历史；第 4 条是人文主线，我们整个行程，一定会有很多好玩的花絮。3 位电视人同意，并且还提出了另一个思路：湘妹子勇闯亚马孙。我脱口而出："太棒了，你们一定是湖南省第一批到亚马孙上游的人，也很可能是中国第一个到这里拍摄纪录片的团队。"

就在这时，我突然收到来自成都的赵小苓女士的一个短信："我们16:35 的航班 EU6677 现在通知要推迟到 18：10 才能起飞，到上海就要21 点了，赶不上大部队集合时间了。请勿让大家等我们，你们先办理登机手续，我们赶过来自己办理吧。"我顿时有点紧张，如果 18：10 能准时起飞还好，要是再晚 2 个小时，可就有风险了。

陆续地，又有几位家长和学生到了，包括来自深圳的罗伟和他的儿子罗予豪，来自厦门大学的甘霖莉，随后是来自上海的杨呈杰、陶韬、封楚君、虞思来 4 位同学，我跟同学们聊了聊他们准备的课题。我组织的科考活动，要求每位同学必须有课题，可以是科学的，也可以是人文、历史、建筑、饮食等各个方面的。这不是走马观花式的到此一游，而是一种有内涵的旅行，这样才会有所收获。

由于有几个人到得比较晚，我们大多数人在 21 点左右的时候就先托运行李进了安检。刚抵达登机处，就收到赵小苓女士的电话：他们夫妻已经抵达上海浦东机场了。谢天谢地，我悬着的心放了下来。

机场方面通知：23 点半前开始登机。登机之前，我们拍了一张合影，但不是全家福。我数了数，总共有 17 人在照片里。因为有的同行人员

还没到，也有的同行者可能是慢热，还不好意思一下子就加入这样的集体照。

随后是登机。这是一架法航空客 380 飞机，上下两层舱位，人不少。等我们都落座之后，却被通知：原本计划 0:05 起飞的航班，因航空管制，将被推迟一个半小时。推迟就推迟吧，我刚好可以在朋友圈再发一条微信，配上一张照片，文字是："准备启程，目标亚马孙河上游。"

紧接着，第一个小花絮就出现了：摄像师想拍摄飞机上的全景，法国乘务人员却不同意，我用法语问她为什么，她说是个人原因。后来我了解到，她们不愿意被曝光，主要是考虑到自身安全问题。

凌晨 1∶45，AF0111 终于冲入夜幕中的云霄。

法国真不愧为浪漫的国度，候机大厅中心休息区的座椅都样式各异，非常的人性化，每个座椅坐上去都很舒适；候机大厅休息区墙面的装饰由不同叶形的鲜活植物拼接而成，让人感受到生命的艺术。因为离下一段航班还有 5 个多小时，便选择了一个长沙发椅休息，为飞往利马的 12 个小时的航程养精蓄锐。

第 2 天

Day 2

途经巴黎，
抵达秘鲁首都

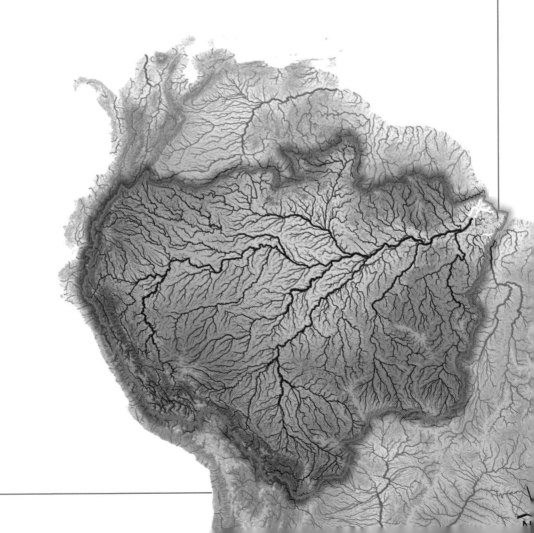

早晨 7 点多，顺利抵达戴高乐机场。下一班飞机是在 12：45 才登机，所以我们有大把的时间可以闲逛。我带大家直接到了下一个航班的登机口，部分不愿意动弹的人照看行李，其他人随便去溜达或者买东西。我曾经在巴黎留学，对这个城市已经没有新鲜感了，可来自成都的赵小苓女士则不然，她这样描述道：因为当地的天还未亮，飞机未降落时，从空中俯看，整个城市灯火辉煌，高速公路上耀眼的车灯接踵而至，觉得法国人上班还是挺早的嘛。虽然看不清机场外貌，但是从机场的里面就感觉出这个机场相当的大，在机场里面七弯八拐地行走了很长一段路，还乘了一段轻轨，才到达转机的 M 区候机楼。法国真不愧为浪漫的国度，候机大厅中心休息区的座椅都样式各异，非常的人性化，每个座椅坐上去都很舒适；候机大厅休息区墙面的装饰由不同叶形的鲜活植物拼接而成，让人感受到生命的艺术。因为离下一段航班还有 5 个多小时，便选择了一个长沙发椅休息，为飞往利马的 12 个小时的航程养精蓄锐。

在候机的 5 个多小时的时间里，我们做的稍微有点价值的事情似乎是杨呈杰接受了记者的采访。

途经巴黎，抵达秘鲁首都

过了一会儿，王志恒和罗予豪两个小朋友在候机处突然打了起来。罗予豪虽然年龄和个子都小，但却是一副不甘心吃亏的样子，一边往上扑一边挥动着小拳头。我赶紧把两人拉开，后来问了一下原因，原来是王志恒想看罗予豪的游戏，而后者"死活不同意"。两个小朋友"激战"之后不到半小时，便又腻在一起了。我和罗予豪的爸爸谈到此事，都禁不住笑了。

下午3：15，又是一个多小时的延误之后，AF0480终于起飞了。赵小苓女士继续记录道：这段航程也是12个小时左右，我坚持没有在飞机上睡觉。原因是到达利马的时间是晚上，为了尽快顺利地倒时差。真像是飞往贫穷国家的航班，机上厕所里（不知是用完没有及时补充，还是被人拿走）没有手纸，没有马桶垫圈纸；食物难吃。原想到12个小时的航班应该有两顿餐，但是第二餐左等右等都不来，还以为没有了呢。因为饿得恼火，便吃了自己带的点心。结果离到达利马还有两个钟头时，第二餐终于送来了。

但同样的飞行，王喆却找到了乐趣：大多数人都觉得在长途飞机上的时间不好过，在飞往亚马孙的第一段飞行时间里我就是坐着睡觉度过的。但是在法国转机后的第二段飞行时间里，我找到了意想不到的乐趣——观云。可能所有坐过飞机的人都在高空看过窗外的云，白茫茫一片，看一会儿就视觉疲劳了。但是这次我在飞机上，11000米的高空，观察到了从上午到正午、从正午到天黑，大西洋上空云层的全变幻。上午，阳光斜照，云朵还有些暗色，有时疏有时密，疏松时能看到大片的蓝色大洋，密集时能把海洋覆盖，但是云层较薄。正午时分，云朵不再有暗色，通体都是雪白色，蓝天、白云、蓝海，颜色纯正而透彻，多么希望我们的城市上空也能这样干净！这时，我发现很多云朵好似精心雕琢的塑像，眼里不再是毫无生气的片片白云，而像是进入了一座庞大的雕塑公园，看到无数的雪雕：有的像雄狮、神龙、大象、鳄鱼、松鼠；有的像人像，或是仰面朝天呐喊，或是平视凝神思索；有的像群雕，麦田、珊瑚礁、石林。我最喜欢的是看到一个舞池，很多人在结伴跳舞，其中一对男女跳着探戈，像极了。渐渐地，云色变暗，转入下午，此时云层越积越厚。到了傍晚，已经完全看不到海洋，浓密的云层酝酿着什么。天几乎黑了，突然，一道闪电出现在远处最厚的云团里，我以为看错了，但接着又看到了云团里不时放出电光。大自然真是太神奇了！在这半天时间里，我对着窗子拍摄了很多照片，可是回来在电脑上看时，却不像真实看到的那么形象、立体、鲜明。发现闪电时天色已黑，相机无法拍摄。这段美妙的时光，只能留在我的记忆里了。

又是大约 12 个小时的飞行，晚上 9 点钟，飞机终于抵达了秘鲁首都利马。秘鲁位于赤道以南，国土面积在南美洲排名第三，地理上北邻厄瓜多尔和哥伦比亚，东与巴西和玻利维亚接壤，南接智利，西濒太平洋。秘鲁孕育了美洲最早人类文明之一的小北史前文明，以及前哥伦布时期美洲的最大国家印加帝国。16 世纪，西班牙帝国征服了印加帝国，建立秘鲁总督区，包含西班牙在南美洲的大部分殖民地。1821 年秘鲁宣布独立，现在的国家是总统制议会民主共和国，安第斯山脉纵贯其国土南北，西部沿海地区为干旱的平原，东部是亚马孙盆地的热带雨林。秘鲁的主要经济活动有农业、渔业和矿业，人口大约为 2800 万，包括印第安原住民、欧洲人、非洲人和亚洲人，官方语言是西班牙语。其实，秘鲁的国徽基本上典型地代表了这个国家的特征：盾面左上方是一头骆马，代表国家的动物资源；右上方是一棵金鸡纳树，代表国家的植物资源；下半部为一只象征丰饶的羊角，代表国家的自然资源和矿藏。

关于骆马（*Vicugna vicugna*），有必要说明一下。它是骆驼科骆马属哺乳动物，体型较小，无驼峰，分布于安第斯山区和南美洲南部的草原和半荒漠地区，该属仅有 1 种，是野生动物，并非人工饲养的大羊驼（*Lama glama*）和小羊驼（*Lama pacos*）。

金鸡纳（*Cinchona*）是茜草科的一个属，包含大约 25 个物种，属常绿灌木或小乔木，产自安第斯山脉。金鸡纳的树皮和根皮蕴藏 30 多种生物碱，其中以奎宁最多，而奎宁具有抗疟药效，可以提炼成为制剂消灭还在裂殖体阶段的疟原虫，令疟疾停止发作。关于金鸡纳树，有不少真真假假的传说，当然都与疟疾有关。

第一个经典的故事，是一位印第安人患上了疟疾，全身发热，口渴难当，爬到密林深处的小池塘边喝了许多凉水，顿觉舒服了很多。他发现这个池塘里的水是苦的，看到池塘边生长着许多金鸡纳树，其中有些树倒在水中，那苦味就来自树皮的渗出液。从此，每当当地的印第安人遇到疟疾时，就会用这种含苦味的树皮来医治。

第二个经典的故事，是哥伦布发现新大陆后，欧洲人大量涌入美洲，一位印第安部落的酋长向一位欧洲传教士透露了金鸡纳树的药用价值，并送他一块金鸡纳树皮留作纪念，于是该秘密落入欧洲人手中。后来，西班牙的一位伯爵带妻子来到秘鲁，伯爵夫人染上了疟疾，白人医生束手无策，伯爵打听到当地一种叫金鸡纳树的树皮可以防治这种病，于是他剥了这种树的树皮拿回去煮汤给妻子服用，服用了几次以后，夫人的病就好了。从此，金鸡纳树名声大振，这一重大发现也引起了各地医学界的极大兴趣，许多科学家都跑到美洲来进行考察和研究。西班牙当局意识到该树的巨大经济价值，便想要将种植金鸡纳树垄断起来。可是还没等禁令出台，已有英国学者将一批金鸡纳树种子偷偷带走并在印度尼西亚的爪哇岛等地建立了种植园，并成为金鸡纳树的主产区。

　　填表、出境，耽误了我们不少时间，等到和前来接机的曹导游会合上了大巴车的时候，已经是晚上 10：30 了。大巴车带我们驶向市中心，曹导游在路上介绍了利马的情况。1849 年，第一批 75 名华工被当成猪仔卖到这里，于是开始在这里扎根落户。秘鲁是中国侨民及其后代最多的南美国家，目前在秘鲁的华侨华人达 300 多万。多数侨民已融入当地社会，与秘鲁土著、欧洲移民等融为一体。然而，初到秘鲁的华人书写的是一部血泪史。1849 年 10 月 15 日，当时被称作"猪仔"的 75 名契约华工，乘帆船远渡重洋到达秘鲁。在此后的 25 年间，约 10 万华工相继漂洋过海来到这里。初到秘鲁的华工像牲口一样被人贩子买卖，大多数人被派往大型甘蔗庄园，还有部分人被派往秘鲁沿海岛屿采集鸟粪，向欧洲出口这种有机肥料。秘鲁早期的铁路也是由华工修建的，秘鲁至今还保留着由华人修建的车站。后来，获得自由的华人努力改变命运，开始经商。由华人小商贩形成的市场，如今已经成为首都利马重要的商业区。中国人和中国文化也在秘鲁留下了深深印记，并对当地文化产生了影响。秘鲁人已经接受"吃饭"（CHIFA）作为中餐馆的外来词。随即，我们到了一个华人饺子馆吃夜宵，饺子做得不错，还有虾、带鱼等几个菜。

　　我和曹导游此前已经是好朋友了，这次从国内给她带了一箱子东西。她也送给我们两件衣服和一包玛咖。关于玛咖，我晒在微信里，迎来不少围观者。我随即在大厅上了一会儿网，再回到房间，已经是当地时间 14 日早晨 1 点多了。快速洗漱一番，便开始整理一天的游记。

广场上的建筑物多多少少都有点欧洲风味。广场上最吸引眼球的建筑，就是利马总统府。总统府外墙是由灰白色的石头建成，整体呈"凹"字形，在屋檐、窗沿、门拱上都有精美的装饰。总统府朝广场开的两扇门被漆上了黑色，门拱的上方都挂有秘鲁国徽。在屋顶靠中间的位置有一根旗杆，和中间的大门在同一直线上，秘鲁红白色的国旗正在旗杆上随风飘扬。

第 3 天

Day 3

利马、伊基托斯、
亚马孙之星

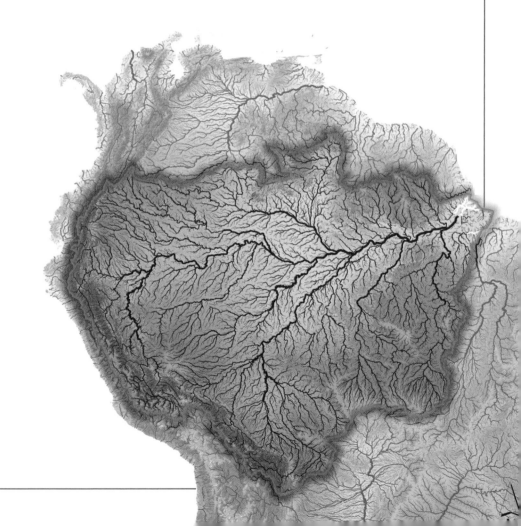

　　这一天是情人节，早上 5 点多钟，我就醒了。走出宾馆，看看天还没亮，便决定到宾馆吃早餐，这里的早餐也开得真早。就在餐厅前面的沙发上，我意外地发现了杨呈杰，一询问，他竟然整个晚上都没回房间休息，一直在这里上网跟同学聊天。我督促他回去休息一下。

　　早餐是西式的，最有特色的是草本植物的叶子包着的玉米糕，里面夹杂着鸡肉和葡萄干，名字叫 Tamale，汉语名字是玉米粉蒸肉。吃了一会儿，我发现随身携带的小相机里面没装电池，决定回房间取电池。再回来吃饭时，杨呈杰和封楚君、陶韬 3 人已经下来吃早点了，我提到杨呈杰昨晚没睡觉的事情，他说自己已经 3 个晚上没睡了。我开玩笑地说，如果你整个行程 15 天都不睡的话，我把你推荐给《最强大脑》节目。他回答道：10 天不睡觉就会死人的。原来，他也知道动物是需要睡眠的。

　　快 9 点的时候，我请陶韬帮助曹导游去给每人买一瓶水带上。比约定的 9：30 晚了几分钟，我们乘坐大巴出发了，目标是圣马丁广场。在大巴车上，曹导游介绍了圣马丁。圣马丁是南美独立战争的领袖之一。他出生于阿根廷一个军官的家庭，8 岁的时候就随父亲去了西班牙，1808 年参加了西班牙人民反对拿破仑的解放战争。1812 年圣马丁返回阿根廷，参加了阿根廷反殖民统治和争取民族独立的斗争。1814 年，在安第斯山中的门多萨地区组成了一支由 5500 人参加的安第斯军团，把西班牙侵略者赶出了阿根廷。1816 年，阿根廷宣布独立，他被任命为阿根廷解放军总司令。但是圣马丁知道，只有整个南美洲都解放了，阿根廷的独立才会有保证，而要想解放南美洲，必须首先捣毁西班牙美洲殖民地的中枢——秘鲁总督府，于是他开始着手筹备一个远征计划。1817 年中旬，远征计划开始实施，他率军翻越安第斯山，和风雪严寒整整搏斗了两周，终于完成了"军事史上最惊险和光辉的长征之一"。1818 年，他赶走了智利国土上的西班牙军队。1819 年，智利宣布独立。1820 年他开始进军秘鲁，7 月 12 日夺取利马，秘鲁宣布独立。在召开的贤达会议上，他被公推为秘鲁新的国家元首，冠之以"护国公"的称号。

封楚君这样描写圣马丁广场：广场上的建筑物多多少少都有点欧洲风味。广场上最吸引人眼球的建筑，就是利马总统府。总统府外墙是由灰白色的石头建成，整体呈"凹"字形，在屋檐、窗沿、门拱上都有精美的装饰。总统府朝广场开的两扇门被漆上了黑色，门拱的上方都挂有秘鲁国徽。在屋顶靠中间的位置有一根旗杆，和中间的大门在同一直线上，秘鲁红白色的国旗正在旗杆上随风飘扬。虽然总统府建筑不算太高，但一点都不失庄重、气派。在总统府的左边有一排黄色的建筑，这是利马市政大厦，这些建筑的一层有一排拱门，建筑的二层有两个阳台。这些阳台都是木质结构的，听导游介绍，这种阳台叫"莫德哈尔式阳台"，是在西班牙殖民时期传入秘鲁的。建筑的最上层同样悬挂着国徽，与总统府屋顶不同的是，市政府建筑的屋顶上有 3 根旗杆，从左往右分别是黄色的利马市旗、秘鲁国旗和印加帝国的彩色旗。总统府的右边是利马大教堂，利马大教堂建于1625 年，设计者是西班牙人，可惜 1904 年的大地震将大教堂毁掉了一部分，现存的是震后重建的教堂，是几种建筑风格的混合体。

团员们在圣马丁广场观光和拍照，我和曹导游去帮大家换钱。一连好几家换钱的小店紧挨着，大都是 3.081，只有一家是 3.082，我们自然是去了这一家。我换了 5000 美元，在这里是不小的数字，曹导游数了半天。随后，我按照大家给我的美元数额分成 500 美元、300 美元、200 美元、150 美元、100 美元不等，柜台上刚好有信封，于是我拿了信封装钱。柜台对面的女服务员竟然不愿意让我用这些原本免费提供的信封，把它们收到了台下，我又急又气，大声呵斥道：No！You must give me。曹导游

也用西班牙语指责她。最后，曹导游要了一个黑塑料袋子，我们把钱装在里面拿回来，跟大家会合。

在换钱的时候，曹导游突然意识到一个问题：护照遗忘在喜来登宾馆了。跟大家会合之后，曹导游安排王喆跟司机去取护照，我们参观总统府广场。在广场逗留了25分钟，曹导游配合电视台做了采访。随后，我们步行到第二站——圣弗朗西斯科教堂，也被称作修道院（Monastery of San Francisco）。教堂的正面是不收费的，供人们礼拜，也可以拍照。一个侧门则是收费的，里面是万人坑。有些人不想进，我跟曹导游估计有20人会选择进入，所以买了20张票，竟然刚刚好。

我在教堂的外边，看孩子们喂鸽子，王喆买了一个当地人做的糕点，花了1个索尔，这是用米粉或面粉做的甜点，谈不上好吃，但也不难吃。这时，编导曾武和罗雅丹开始从当地的小孩子手里买东西，一个小孩特

别会讨价还价，我们觉得很好玩。12点多，20个人出来了，我们在教堂前拍了一张合影，便上车去吃饭。

去餐馆的路上，曹导游教给大家几句西班牙语：欧拉是你好的意思！Amigou是男性朋友，Amiga是女性朋友。拿棍打是买单……1：30，我们抵达了一个名叫Puro Peru的西式自助餐厅。门口有人排队，说明这家餐厅应该不错。里面的环境的确不错，我们坐在一张长条桌子上用餐。餐后问了一下价格，也还适中：每人25美元，一瓶水或者可乐单算6索尔。

2：30，我们结束了午餐。付款的时候，出现了一个小插曲。我们这个团总共31人，服务员竟然数出了33人，我自然是不认可，所以迟迟无法结账……

抵达机场之后，曹导游跟王喆交代下两次航班的事情。

　　原计划飞机 5:05 起飞，结果又晚了半个小时。一个半小时的飞行之后，抵达了伊基托斯。到了取行李的地点，我首先寻找 International Expedition 的人，竟然没有看到。我有点着急，出去到门口询问，还是没有，于是我让王喆打电话。就在这时，我看到一个穿 International Expedition 服装的小个子男人正在跟王姝说着什么，上去一问，果然是来接我们的，名叫 Freddy。等大家都拿到行李走出大门的时候，我看到 Usiel 在门口等我们，我上前跟他拥抱，他带我们把行李装在一辆小货车上，人上了大巴。王喆跟 Freddy 沟通，请他帮助我们去办理从伊基托斯到利马的机票，以及从利马到库斯科的机票。上了车，我在车的前面，打开我的书，把书中的人像跟 Usiel 的脸作对比，让大家看是不是同一个人，团员们报以了热烈的掌声。

　　路上，Usiel 介绍了伊基托斯，这是秘鲁亚马孙丛林地区最大的城市，目前大约有 100 万人口。这座城市位于亚马孙河岸边，无公路或铁路与外界连接，对外交通完全依靠航空和亚马孙河航运。虽然离亚马孙河河

口有 3700 千米，但小型海轮还是可以溯流而上抵达伊基托斯，使得该地成为世界上距离海岸最远的海港。这座城市是耶稣会传教士于 1750 年左右创建，1864 年成为洛雷托省省会后开始飞速发展，并在 20 世纪初年的橡胶热中繁盛一时，后来随着橡胶热的退潮，这座城市再也未能恢复当年的盛况。Usiel 专门介绍了这里的三轮摩托车，100 万人口的城市竟然有 6 万辆之多。另外，这是一座岛屿，70% 的人生在这里死在这里，从来没有出去过。

巴士行驶了半个多小时，晚上 9 点钟左右，抵达登陆的小码头。我们通过木板搭的桥，直接走上"亚马孙之星"号河轮。这艘河轮是按照国际安全及防止污染的标准打造的，2013 年 7 月才正式营运。河轮包括了如下几层：最上面的第四层实际上只有半个船的空间，是晒太阳用的阳光甲板。三层观景甲板据说是目前航行于亚马孙河船只中最大的户外观景台，前半部分包括喝茶或咖啡用的交谊厅和一个开放式酒吧。与酒吧相连的是一个小型健身中心，有跑步机等健身器材。后半部分是封闭的报告厅，室内有空调、大荧幕 LCD 电视和音响，之前来过的第一批中国游客留下了光盘和卡拉 OK 碟。报告厅里还设有一个小型图书馆，旅客可以坐在沙发上阅读或欣赏窗外的景致。二层的最前端是驾驶室，中间部分是客房，后半部分是餐厅。铺设了高级硬木的典雅餐厅有大面窗户，旅客在就餐时可以欣赏室外风景。一层的前端是甲板和楼梯，中间部分是客房，后半部分是厨房。地下室是仓库和工作人员的休息室。我们居住的客舱很宽敞，共配置了 15 间客舱：1 间单人房、12 间双人房及 2 间三人房，最多可容纳 31 名旅客。室内陈设是秘鲁工匠手工制作、具休闲风格的亚麻制品家具。每间客舱均设有空调、床头柜、大空间置衣柜及私人卫浴，房内大片全景玻璃窗及放置两张座椅的独立观景阳台。初步的印象，很不错！

分配完房间，稍微洗漱之后，来到二楼的餐厅吃晚餐，总共是 6 桌。第一顿晚餐，就有棕榈芯磨成的粉制作的面条。棕榈芯的英文名称为 Hearts of Palm，或 Palmito，是一种名叫栲恩特的棕榈的内芯，只生长于南美洲亚马孙流域及其周边地区，由于生长环境的限制，因此非常珍贵，被称作"蔬菜之王"。全球各大顶级饭店为顾客提供的美食中，最高档的蔬菜类食品就是用棕榈芯制成的"大富翁沙拉"。在法国人引以为豪的法式大餐中，很多菜肴也都会用到棕榈芯。由于砍伐野生棕榈树会严重破坏天然雨林，因此现在的棕榈芯都产于棕榈树农场。在那里人们像种植其他农作物一样种植栲恩特棕榈树，这样既保护了森林，又让我们可以相对比较经济地享用这一美食。棕榈芯、橄榄油和纳豆在世界范围内并称为三大健康食品，而棕榈芯和橄榄油还通常搭配使用，用于烹饪健康美食。棕榈芯不含脂肪和胆固醇，是无糖食品。

晚餐提供两种饮料：有酒精的和没有酒精的。我喜欢柠檬汁配白酒的饮料，大家开始取东西吃，我们边吃，船方主要工作人员边讲解未来几天的注意事项，我请黄夏先生帮助翻译。IE 公司的美方代表 Freddy 向大家介绍了他们团队。吃饭之后，他还讲了注意事项：安全、不能抽烟、不能喝水龙头的水、房间的水龙头要关闭好、相机要放好避免潮湿。

晚饭结束后，我们来到甲板上，跟长沙科教电视台的导演和摄像凑在一起边抽烟边看着夜幕中的亚马孙，憧憬着未来的几天。回到房间，已经是晚上 11 点多了，洗漱完毕后，很快便进入了梦乡。

下午3点再次出发，太阳实在是毒。刚出来不久，我们遇到一艘小船，船上的渔民抓到了一只尚未成年的水豚。水豚（*Hydrochoerus hydrochaeris*）是一种半水栖的食草动物，也是世界上最大的啮齿类动物。它和老鼠的血统极为接近，可是比老鼠要大得多，大约是老鼠的100倍，身长超过1米，体重50千克，有家猪那么大。水豚出产在南美河、湖泊、洼地以及森林中植物丰盛的池塘、溪流边和沼泽地，一般栖息于植物繁茂的沼泽地中。

第 4 天

Day 4

鬣蜥、水豚、
河豚、王莲

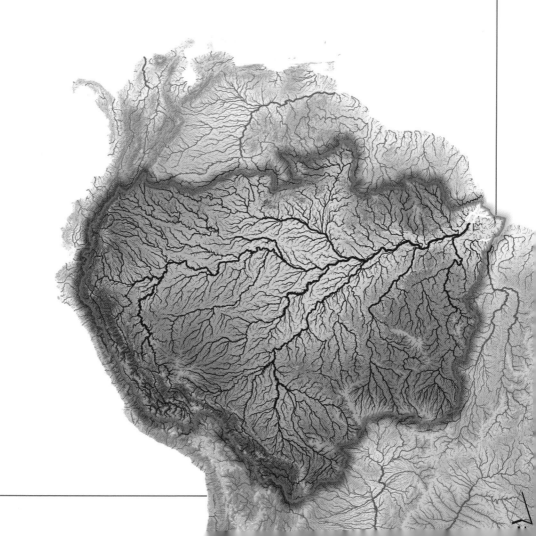

凌晨 3：30 就醒了，开始整理前一天的日记，好在每个细节都记在小纸片上，没有疏漏。

不到 6 点钟，我就上了三层甲板，看到赵诗晨和领队 Segundo 已经在那里了。过了一会儿，陆续有很多人都上来了，天也开始放亮。岸边是大片的蒲苇，有两三米高，生长得很密集。远处是各种各样的鸟，包括黄巾黑鹂（Yellow hooded blackbird, *Chrysomus icterocephalus*），从美国迁徙过来的燕子、翠鸟，还有好多种鸢和隼等猛禽。在常见的鸟中，最显眼的当属大白鹭（*Casmerodius albus*）。这是一种大中型涉禽，成鸟的夏

羽全身乳白色，鸟喙黑色，头有短小羽冠，肩及肩间着生成丛的长蓑羽，一直向后伸展。大白鹭只在白天活动，步行时颈收缩成"S"形，飞时亦如此，脚向后伸直，超过尾部。它们以甲壳类、软体动物、水生昆虫以及小鱼、蛙、蝌蚪和蜥蜴等动物性食物为食。主要在水边浅水处涉水觅食，也常在水域附近草地上慢慢行走，边走边啄食。它们的分布范围极广，全球温带地区，从中国到亚马孙都能见到它们的身影。

除了岸边的植物和吸引眼球的鸟类，水面上也有植物，那便是漂浮植物。漂浮植物是整个植物体漂浮在水面上的一类浮水植物；这类植物的根通常不发达，但体内具有发达的通气组织，或具有膨大的叶柄（气囊），以保证与大气进行气体交换。

随即，一只灰海豚在岸边不远处露出水面。可惜，露头只是一瞬间，大家都来不及拍照。伴随着船的逆流而上，不时有小渔船出现在我们附近。我们用前一天刚学会的"欧拉"跟他们打招呼，他们也挥手致意。突然看到一个木排，木排上面还有一条船和几个人，有人开玩笑说这是亚马孙河上的"航空母舰"。

9 点钟，是此行第一次乘坐冲锋艇，有两艘，我们这艘艇的领队是 Usiel，另一艘艇的领队是 Segundo。长沙科教电视台的 3 个人、几个孩子和他们的家长都在我们这艘冲锋艇上。刚坐稳，冲锋艇就开始疾驰。可以看到岸边美丽的垂序蝎尾蕉 (*Heliconia rostrata*)，它们是蝎尾蕉属植物中最艳丽、最引人注目、最被人熟悉的种类。秘鲁就是其原产地。这些多年生常绿草本，株型似香蕉，高 2~2.5 米，叶直立，狭披针形。花序最具特色，顶生穗状花序下垂，长达 1.5 米，有 15~20 个苞片，两列互生排列成串，基部赤红色，渐向尖端变为黄色，边缘有黄绿色相间斑纹，呈鸟啄状，十分艳丽，似五彩缤纷的鞭炮，因此在世界各地都极受人们的欢迎。

紧接着，我们的领队发现了一只幼年美洲鼷蜥，鲜艳的绿色，可惜我们离它稍微远了一点，Usiel 说还有机会看到更清晰的和更大的，这我绝对相信。果然，过了不一会儿，就在他的激光笔的指引下，看到了另一只成年鼷蜥。美洲鼷蜥（*Iguana iguana*）是一种生活在树上的大型蜥蜴，头尾全长可以超过 1 米。它们幼年时以昆虫或小动物为食，成年后改以植物的叶、嫩芽、花、果实为食；在旱季的时候到地上产卵。这个物种被列入《濒危野生动植物种国际贸易公约》附录二中。

031

Day 4

就在两只鬣蜥之间，我们还发现了一个非明星动物，那是一只螳螂，领队把它抓了起来，孩子们一阵欣喜。我们这条船与它拍完了照之后，交给了另一条船的领队 Segundo，于是它给另一条船也带来了欢乐。

随后，没有看到明星动物，却看到几个漂亮的红色西番莲（*Passiflora*）的花，它们红色的花在绿色的森林里特别显眼。西番莲是植物的一科一属，全球大约有 400 种，其中约 360 种产于热带美洲，它们通常是草本或木质藤本，我们熟悉的百香果便是其中的一种。随后，我们的船开始往回走，一条鱼竟然飞到了冲锋艇上。领队介绍说亚马孙有 3000 种鱼类，飞上来的这条鱼是最普通的一种。

回到船上用午餐。下午 3 点再次出发，太阳实在是毒。刚出来不久，我们遇到一艘小船，船上的渔民抓到了一只尚未成年的水豚。水豚（*Hydrochoerus hydrochaeris*）是一种半水栖的食草动物，也是世界上最大的啮齿类动物。它和老鼠的血统极为接近，可是比老鼠要大得多，大约是老鼠的 100 倍，身长超过 1 米，体重 50 千克，有家猪那么大。水豚出产在南美河、湖泊、洼地和森林中植物丰盛的池塘、溪流边和沼泽地，一般栖息于植物繁茂的沼泽地中。它一生逗留在水边，但也到水中去，潜水本领很好，能潜入水底好几分钟，在水底下面行走，有时把鼻孔、耳眼露出水面，呼吸空气，观察外界的情况，美洲豹和森蚺是它的天敌。

　　继续向前，我们很快便抵达了亚马孙河的原点，从这里开始这条大河才被称作亚马孙。亚马孙河（Rio amazonas）是世界上流域面积最广、流量最大的河流。发源于秘鲁境内安第斯山脉科迪勒拉山系的东坡，但亚马孙河实际上发源于两处水源：南边较短的一支为马拉尼翁河（Rio Maranon），发源于秘鲁境内安第斯山高山区；北边另一支较长，为乌卡雅利（Rio Ucayali）河，我们未来几天主要是沿着这条河的流域活动。两条河之间是秘鲁最大的保护区，面积有 500 万公顷，相当于比利时的国土面积。马拉尼翁河及乌卡雅利河穿过崇山峻岭后在此处汇合，形成宽大的水面。RIO 源自西班牙语，代表着"激情与力量"。

　　就在亚马孙河原点开阔的水面上，我们看到了很多河豚，粉色的和灰色的都有。其中粉色的又被称作亚马孙河豚（*Inia geoffrensis*），是亚马孙河及奥里诺科河流域特有的物种，也是体型最大的淡水豚。亚马孙河豚的体表颜色并不限于粉红色一种，还可以是暗褐色、灰色、蓝灰色或

者乳白色。成体的典型体长为 2.5 米，体重为 150 千克。其鳍状前肢略向后弯曲，与身躯相比显得较大，无背鳍，但是背部钝三角形的脊状隆起显示了进化遗留的痕迹。喙部突出，长且尖，通常在河底捕食虾、蟹、小鱼，偶尔也能捕捉到体型较小的龟。该种淡水豚通常是单个或成对生活，但有时也会为了捕猎而组成多达 20 多只的群体。不像其他的豚类，亚马孙河豚的颈椎不是连成一体的，它的头部可以灵活地转动。眼睛很小，肿胀的下颌偶尔会挡住向下的视线，所以它们有时会将身体翻转，改泳姿为仰泳。我没能拍摄到粉色的，拍摄到两只灰色的。亚马孙河豚与普通灰海豚背部的鳍差异很大，前者没有背鳍，取而代之的是隆起的脊骨。同样生活在亚马孙河中的灰海豚却有着截然不同的体型，灰海豚仍然返回大西洋，这可能导致它没有亚马孙河豚的外观，它的突出背鳍会在旱季时妨碍它的活动。给海豚拍照是一件很不容易的事情，因为它们只会偶尔冒出水面呼吸，而且时间极短。要想拍到好的照片，只能是举着各式各样的相机一动不动地等待海豚出现。可这些海豚仿佛是知道我们在拍它们，趁我们不注意就跳出来，等我们反应过来时已经来不及了。

紧接着，见到一只夜鹰（nighthawk），它安静地趴在距离水面不远的树干上，被我们干扰飞了起来，随后又落下。它们是夜行动物，喙和脚都很短，吃飞虫，因为会在沙子里生蛋，所以也叫沙鹰（sandhawk）。在这里还见到很多犀鹃 Great Ani（*Crotophaga major*）。犀鹃有黑色金属光泽，成群噪杂地紧挨在一起在地里觅食昆虫。犀鹃嘴的弧形很大，呈刀片状，尖端钩状，尾长而宽，翅短，羽毛松软，看起来乱蓬蓬的，飞行力弱，发出"嘶嘶"叫声。

随后，见到很多未成年的肉垂水雉（*Wattled jacana*）。它们或是在浮生植物上轻盈地踱步，或是由于我们的船的抵达被惊吓得一大群飞了

起来，那飞翔的姿态和颜色，有点像漂亮的大蜻蜓。水雉是中小型涉禽，栖息在热带地区的水塘和湖泊中，之所以能够在浮水植物叶片上自由行走，是因为它们把身体的重量延伸到长脚趾上去分担。很长的脚趾使其能够在漂浮的植被上行走寻找虫子吃，因此又得名"轻功鸟"。遇到危险时，它们或者是急速奔跑，或者是通过将身体沉入水中或藏于水面的植物丛中来逃避敌害。受惊吓时也会飞行，而且飞行很有力。它们主要吃昆虫和蜗牛等软体动物，以及水生植物的叶和芽等。

　　紧接着，在一个狭窄的河道里，我们看到一群松鼠猴，有的个体还背着孩子。可惜我们所处的位置不好，没能拍摄到好看的照片。继续向前，遇到了几棵王莲。王莲（*Victoria regia*）是睡莲科王莲属植物，大型浮叶草本，有直立的根状短茎和发达的不定须根。拥有巨型奇特似盘的叶片，浮于水面，十分壮观，并以它娇容多变的花色和浓厚的香味闻名于世。夏季开花，单生，浮于水面。王莲分布在南美热带地区，需要高温、高湿、

阳光充足的环境才能正常生长发育。王莲具有世界上水生植物中最大的叶片，直径可达 3 米以上，叶面光滑，叶缘上卷，犹如一个个浮在水面上的翠绿色大玉盘；因其叶脉与一般植物的叶脉结构不同，呈肋条状，似伞架，所以具有很大的浮力，最高纪录可承受 60 千克重的物体而不下沉。曾武用相机支架压在其上试了试，说力度的确很大。

随即，全速回到船上。晚上 7 点是音乐会，船方称之为"Happy hour"。曾武这样介绍道：在"Happy hour"中，每人可以免费品尝一杯鸡尾酒、当地特色啤酒或者苏打水等其他软饮。船上乐队的名字叫"Chunky Monkeys"，译为"矮矮的结实的猴子们"，特别可爱。乐队成员来自船上各行各业的人，有船上的餐厅服务员、客房服务员、野外向导等。他们白天各司其职，在各自领域很专业很尽职地为我们服务。晚上拿起乐器一个个都是音乐大师。当富有生命力的音符跳动起来时，整个甲板上的人都欢乐了。我很欣赏他们在演奏音乐时的忘我和投入，可以感染所有听音乐的人。要知道，音乐是有灵魂的。当灵魂注入听众的大脑后，音乐，就产生了生命。至今还清楚地记得，每天演唱会时，所有人享受他们音乐时的场景。有人跳舞，有人拍照，有人随声合唱，有人拿起剩下的乐器加入其中参与演奏。在亚马孙晚霞的映衬下，此时此刻的场景，真应该让它一直被记住。相信，当时所有的动物们也安静了下来，在细细聆听，准备迎接新一天的黎明。相信，丛林里所有的植物，听了音乐也都会暂时停止生长，期盼音乐不要太早结束。更相信，那一刻听到音乐的亚马孙沿岸的居民们，都会开心一笑。

说到秘鲁音乐，值得特别介绍一下。首先是乐器，除了常见的民谣吉他和竖笛外，其他乐器都是秘鲁特有的：第一，木箱鼓，或称鼓箱，这是一种箱状的木质打击乐器。演奏时用手拍敲木箱前端薄板发声，声音类似于爵士鼓，流行于古巴、秘鲁等地。箱鼓在弗拉明戈和伦巴等拉丁系音乐中经常被使用，一些民谣音乐中也选择用箱鼓来伴奏。演奏这个乐器的是我们的野外向导 Usiel。我个人对他特别崇拜，在野外探险，他无所不能。在甲板演奏音乐，他游刃有余。通过箱鼓打出的节奏，声声铿锵。第二，沙锤，摇奏体鸣乐器，亦称沙球。起源于南美印第安人的节奏性打击乐器。传统沙锤用一个球形干葫芦，内装一些干硬的种子粒或碎石子，以葫芦原有细长颈部为柄，摇动时硬粒撞击葫芦壁发声。也有木制、陶制、藤编和塑料制等形状类似的沙锤，内装珠子、铅丸等物。通常双手各持一只摇。演奏这个乐器的是我们的另一位野外向导 Segundo，沙锤摇得律动活泼，使人情不自禁地与之附和。第三，排箫，又称安塔拉。是把长短不等的竹管按长短顺序排成一列，用绳子、竹篾片编起来或用木框镶起来。如果竹管长短一致，则在管中采用堵腊（深浅不同）而得到高低有别的乐音。故排箫有无底、封底两种，分别叫作"洞箫"和"底箫"，可吹出我们传统意义上的五声音阶（宫商角徵羽）。排箫是秘鲁最古老的乐器之一，但也有资料记载，排箫源自中国。不管它来自哪里，但我们认识它确实是在亚马孙河上。演奏者是我们的房间服务员，音乐婉转动听，沁人心脾。还有一个乐器是一把类似尤克里里大小的吉他。五组十根弦，复弦，很细的尼龙弦声音明亮，前四组弦定音与尤克里里一样，琴的形状没有尤克里里那样平整，背部是圆的，像半个葫芦一样，名叫恰朗戈。演奏者是一位小个子，但人小能量大，也是我们的房间服务员之一。一把小琴在他手里活灵活现，出神入化。我觉得，只要听过、看过他现场演奏的人，一定都记得住他。

12—16 世纪，秘鲁曾是印加帝国的中心，印加文化在南美洲有深远的影响。印加人在宗教祭祀和日常生活中都伴随着音乐和舞蹈。他们认为自己是太阳的子孙，十分崇拜太阳神，在各地修建了许多太阳神庙。除了僧侣外，还选用少女在祭祀典礼中表演歌舞。印加音乐基本上为五声音阶。乐器则限于管乐器和打击乐器。音乐活动已有相当的规模，据说当时曾有过多达百人的竖笛乐队来为舞蹈伴奏。16世纪初，秘鲁沦为西班牙的殖民地。在3个世纪的殖民统治时期，由于欧洲移民及黑人奴隶的到来，居民成分不断混杂，欧洲文化和非洲文化也随之输入，因此秘鲁的传统音乐文化也发生了变化。秘鲁音乐融合了原住民和西班牙、阿根廷、智利等音乐风格，有欧洲传来的华尔兹舞曲的浪漫，也有黑人音乐的节奏，热情豪迈，感染力强。听着音乐，就会忍不住想要参与进去，

是一种充满了魔力的旋律。这种神奇的魔力，不仅来自这些独特的乐器，更多的是来自那片富饶的土地孕育出来的淳朴精神。

晚餐之后，20:30 有一场报告，内容是关于星星的。我原本对天文就没什么兴趣，也不是我的职业范畴。在时差、疲倦和酒精的三重作用下，我实在是困了，在房间里睡着了。不过，还是有人对星空感兴趣的，其中就包括了王喆的姐姐王姝。她这样描述道：我在游船的四层甲板上，仰望南半球满天的星斗。像儿时唱过的歌"一闪一闪亮晶晶，满天都是小星星"记忆中的童年，经常抬头看夜空，那时的夜空也有着数也数不清的星星，如同编织成镶嵌各种宝石的网，呈现在你的眼前闪烁，走到哪里跟到哪里，如影随形。亚马孙河的夜空，使得多年未看到如此繁星的我异常兴奋，倍感珍贵和神奇。我也曾多次离开繁华都市，到野外或海边休闲度假，但如此清晰、密布的星星未曾遇见。总是期盼能与儿时的星空再次相会，可每次看到的星辰都感觉缺少点什么。哦，知道了，少了一闪一闪眨眼睛的星星，少了在众多星星间划过的流星，少了银色缎带般的银河系。这些缺憾，在亚马孙河的夜空全部找到了，比记忆中的更美、更震撼。一望无际的亚马孙热带雨林，开阔的河面，夜幕笼罩下来，没有大都市的霓虹灯和喧嚣；漆黑的夜里，听见虫鸣声和船行驶间拍打的水声，时间仿佛静止，只有你与星空对话、与自己对话，你在看星星，星星也在看你，此时此刻，弥足珍贵。这时，一颗流星在众星中弧线划过夜空，调皮地奔跑，生动有趣。有多久没有看到流星了，竟看痴了，忘了许愿。更加神奇的是，在广袤的亚马孙雨林的夜空中，同时出现相反的两种天气：当你的头顶还是繁星点点时，远处的云层竟闪电交加，使你折服于自然的伟大和神奇。面对自然这样的天象奇观，我感受到万物生灵的渺小。不远处飘过一个黄色的亮点，很近，应该不是星星。啊，原来是萤火虫，又是多年未见的朋友，在这里看到了你，依然可爱和飘忽不定，与河中行驶的船擦肩而过。刚刚学习了南半球的星座知识，现学现用，如同在北半球根据北斗星找到正北方一样，我找到了南十字星，确定了正南方向。接着，又看到了星空中最亮的一颗星——金星。

犰狳（*Priodontes maximus*）是小型哺乳动物，有盔甲似的骨质甲，骨质甲覆盖头部、身体、尾巴和腿外侧；这层骨质甲深入皮肤中，由薄的角质组织覆盖。头部、前半部和后半部的骨质甲是分开的，身体中间的骨质甲呈带状，可以灵活地活动。在身体没有骨盘的地方长有稀疏的毛。犰狳有小耳朵和长尖的嘴巴。前脚上长着有力的爪子，用来挖洞。虽然犰狳长得威武，但它们生性胆小，一遇天敌便钻进洞内，如果来不及，便卷成一团，以坚硬的鳞甲保护身体。

第 5 天

Day 5

犰狳、村庄、燕鸥、
鹦鹉、树懒

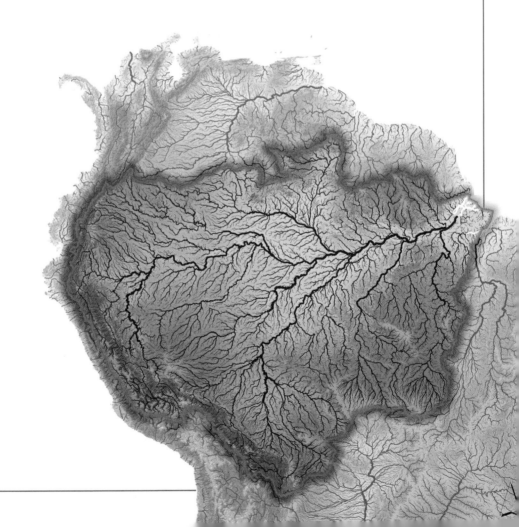

走进亚马孙

凌晨1点钟醒来，整理前一天的笔记。直到3:30，突然发现船停了。我从国内带来了一只捕鱼用的尼龙绳编制的笼子，于是便利用这个时间拿出来，准备投放到水里，计划抓点奇奇怪怪的水生动物。准备好之后，我走出自己的房间，到了平时登上冲锋艇的地方，准备用长绳子把笼子拴到船边的栏杆上。就在我操作的时候，我意识到有至少一两百只蚊子向我扑来，或者说把我包围了。我真的是害怕它们，于是草草地把笼子扔到水里，绳子一系，就逃回了房间，还心有余悸地担心蚊子会跟进来。两个小时后，等天放亮的时候，我去收笼子，发现笼子上的绳子竟然断了。不知是水的力量太大，还是有什么水底生物给咬断了。总之是断了，什么都没收获到。

鹪鹩

6∶30，还没有吃早餐，我们的冲锋艇就出发了。第一个看到的是鹟鹪，它们的叫声很响亮。随后看到两棵树，应该是两棵不同寻常的树，因为森林里到处都是树。Segundo 介绍，用这种树的皮泡水，每年喝两次，可以打掉人体内的寄生虫。我相信他的话，当地土著人在长期的生活中，逐渐地发现了哪些植物能治疗什么样的疾病，并且一代代传承下来，其实中医也是这个道理。

随后，我们看到了两种蜂鸟，在高高的树上栖息着，它们分别是蓝额蜂鸟 Bluish fronted Jacamar（*Galbular cyanescens*）和白耳蜂鸟 White-eared Jacamar（*G. leucotis*）。蜂鸟是鸟类的一个科，有 300 多种，因飞行时两翅振动发出嗡嗡声而得名。体型一般小，羽色鲜艳并有金属光泽；嘴细长而直，有的下曲，个别种类向上弯曲；舌伸缩自如；翅形狭长如桨；体被鳞状羽，大都闪耀彩虹色。蜂鸟飞翔时，两翅急速拍动，快速有力而持久；在

蓝额蜂鸟 Bluish fronted Jacamar
（*Galbular cyanescens*）

体型最小的种类中，每秒可拍动 50 次以上。善于持久地在花丛中徘徊"停飞"，有时还能倒飞。为适应翅膀的快速拍打，在所有动物中蜂鸟的新陈代谢是最快的。它们的心跳能达到每分钟 500 次！蜂鸟每天消耗的食物远超过它们自身的体重。为了获取巨量的食物，它们每天必须造访数百朵花卉采食花蜜。

很漂亮的热带鱼

　　继续往前走，遇到一条船，船上是一位老者。Segundo 跟老者搭话，老者把船停靠过来。我们的领队从对方的小船里拿起一条鱼，是条很漂亮的热带鱼，大家忙着拍摄起来。拍摄之后，我们刚要说再见，谁知领队与老者又说了几句，紧接着 Segundo 竟然从小船上一个口袋里拎出一只犰狳。这只犰狳已经被开膛破肚，没有了内脏。我们船上勇敢的好奇者何丽女士拿着这只犰狳尸体拍照留念。犰狳（*Priodontes maximus*）是小型哺乳动物，有盔甲似的骨质甲，骨质甲覆盖头部、身体、尾巴和腿外侧；这层骨质甲深入皮肤中，由薄的角质组织覆盖。头部、前半部和后半部的骨质甲是分开的，身体中间的骨质甲呈带状，可以灵活地活动。在身体没有骨盘的地方长有稀疏的毛。犰狳有小耳朵和长尖的嘴巴。前脚上长着有力的爪子，用来挖洞。它们通常白天生活在洞里，晚上出来找食物，吃白蚁、蚂蚁、蛇、腐肉和植物。虽然犰狳长得威武，但它们生性胆小，一遇天敌便钻进洞内，如果来不及，便卷成一团，以坚硬的鳞甲保护身体。

犰狳（*Priodontes maximus*）是小型哺乳动物，有盔甲似的骨质甲，骨质甲覆盖头部、身体、尾巴和腿外侧；这层骨质甲深入皮肤中，由薄的角质组织覆盖。头部、前半部和后半部的骨质甲是分开的，身体中间的骨质甲呈带状，可以灵活地活动。在身体没有骨盘的地方长有稀疏的毛。犰狳有小耳朵和长尖的嘴巴。前脚上长着有力的爪子，用来挖洞。

　　随后是回到船上吃早餐。早餐之后，我们去了一个村庄。准备给孩子们捐一些玩具。刚一进村庄，就有一位中年妇女主动要求打我们的旗帜拍照，我们了解到她的妈妈生了 12 个孩子，50 多个孙子辈。赵小苓女士对这个村庄是这样描述的：这是一个有 20 多户人家、非常贫穷的村庄。木板房屋取材于当地的热带雨林，吊脚楼式的建筑是为了适应亚马孙河流随时上涨的水域。村子里的狗很多，虽然不咬生人，但算不上友好，充其量算是懒狗，躺在路上不动，走路小心不要踩到它们，否则一定会被咬；居民养殖的鸡鸭也不少，鸭子类似中国那种剑鸭。贫穷的家庭孩子也很多，每家都有 8 ~ 10 个孩子。

　　关于这个村庄，虞思来也写了一段文字：这应该是一个比较落后和贫穷的村子，整个村子只有一条水泥路，是为了防止在夜晚被蛇咬而建的。吊脚楼被各种各样的树木包围着，显得十分矮小。在房子外面的空地上，有许多家养的鸡鸭和狗，毛绒绒的，但凑近了一看，身上全是虫子、跳蚤飞来飞去。小孩们都赤着脚在泥地里跑来跑去，穿着略显陈旧的 T 恤，见到我们也不躲避，但也不主动打招呼。大概是因为依山靠水，这里有充足的食物和水源，生活应该还过得去吧。走到半路，我们受到一户人家的邀请进去参观。我们上了楼梯进入吊脚楼。楼梯很窄，很短，也稍有些陡。男主人十分热情地站在楼梯的尽头迎接我们，与每位走进他家的客人热情握手。房子是纯木结构的，就像一个长方形的盒子。挺宽敞，容得下我们三十几个人的拜访。房子里比较昏暗，没有窗户。虽然这个村庄已经通电，但屋里所有的电器只是电灯。在房子的中央有一块用木

板隔开的区域，这应该就是他们的卧室。厨房就在"会客厅"的旁边，橱柜上摆放着许多瓶瓶罐罐的料理瓶、碗、锅子和竹篮。女主人正站在厨房里，微笑地看着我们。因为印加人不会制瓦，所以屋顶是用草搭的。这已经延续成了他们的造房传统了。导游介绍说这里的房子每10年就要重新翻修，而邻居之间会互相帮着搭建楼房。村庄中有一片像足球场似的草坪，是给人们活动用的。虽然都是杂草，但也比较平整。草坪的另一边是整个村庄最好的建筑，用砖头搭建的，蓝色的墙面，只有一个房间，就是他们的学校——整个村落未来的希望。我们和屋里的小孩一起做游戏。他们唱着当地的民歌、儿歌，我们作出回应。大部分孩子十分活泼开朗，只有几个年龄较小的孩子稍有些害羞。拍完合影后，张教授给

他们每人发了一支圆珠笔。他们如获至宝，顿时脸上充满着喜悦。可是他们或许连笔都没有用过，手里紧紧地握着不肯放，有人拿着笔去凿石头。我们也给了孩子们一些糖，连最害羞的孩子都迫不及待地伸出手要糖吃。这是我第一次看到贫穷地区的孩子，他们纯真、开朗、友善。虽然他们远离现代化的都市，没有手机，没有 iPad，但是他们有着大自然最美好的馈赠，有着长辈们的关爱，同样有着可以憧憬的未来。

王志恒和他的妈妈何丽女士补充道：这个村落和临近的村落通婚，女性生育得特别早，一般 16 岁左右就已经是一两个孩子的妈妈了。在当地有一个风俗，如果一个男孩喜欢上一个女孩，在夜幕降临时，男孩就拿上当地常见的一把半米左右的大砍刀，放在女孩家门口。女孩就会出来，看看刀口是否锋利，如果锋利说明男孩勤劳，可以托付；如果刀口比较钝，说明这个男孩子是懒惰的。当地居民每天早上 6 点钟就起床劳作，种植一些芭蕉、青柠檬等，或者到河流上捕鱼。青柠檬在村落里随处可见，长得非常大，像橘子的个头，散发阵阵清新的香味。在村落里还看见好几个水井状的设施，是政客们为了拉选票而修建的交换条件，意思是如果你们投我的票，我当选后就把这引水工程给开通了。这些设施已经修建了 4 年，至今还未开通，也就是形象工程，可观不可用。村子里还有一块足球场大小的草坪，是村民们主要的活动场所，修整得还算平整。村里的人们实行轮值去护理这块草坪，如果轮到的人家没有去护理劳作，就会被关进屋子里一天。

谈到在小学里跟孩子们的互动环节，还是挺有趣的：孩子们唱歌我们要应答一下，唱的具体内容我还真没搞明白。Usiel 问我们是否愿意唱一首我们儿童时候的歌曲，我一下子想起了两只老虎，于是带领大家一起

唱了起来。我们唱一句当地的孩子们唱一句，我相信他们也没搞懂我们唱的是什么。尽管我们彼此都没搞懂，但当地的蚊子肯定是搞懂了，意识到来了中国大餐，蜂拥而至，于是我建议赶紧离开。离开之前，在教室的门口，我们拍了一张合影。

回到船上，开始往回走，我看了看表才 11 点，心想这就回去吃饭也太早了。于是，我就建议到附近一个大的城镇去看看。由于我的建议，第一条船也兜了回来，我们去了一个有六七千人的城镇溜达了 20 分钟。城镇上最好的一片粉红色的建筑，是孩子们的中学，这一点让我们很感动：人家才是"穷什么不能穷教育，苦谁也不能苦孩子"。虞思来也注意到了这一点，写道：这可以算是一个现代化的村子了。刚踏入村庄，便收到了久违的短信。在亚马孙河中我们已经连续好几天失联，终于有了信号。如果前面一个村庄是 village 的话，那么这个就可以称作 town 了。有砖头瓦片盖的房子，有超市小店，有宽阔的马路，有摩托车和当地特有的三轮车，就像回到了我们熟悉的国内农村小镇。不过最漂亮的还是当地的学校。粉红色的砖墙，咖啡色的屋顶，一字排开的教室，与先前看到的有了鲜明的对比。这些"最好的房子"体现了当地人对教育的重视和对孩子的关爱，把最好的留给了孩子们。

回来的时候，大家在围观一大堆黄色的棕榈煮熟了的食品，一个摆摊的中年妇女用刀子打皮，我拿了一个尝一下，很不错，不甜但淀粉很多，就让 Usiel 问多少钱，回答是那么多才 11 个索尔，我说都买下，还多给了她一点零钱。我让每个人品尝，没吃完的打包，剩余的还没打皮的就不带走了，送给当地的孩子们。随后，我们回到船上，我看了看时间，中午 12 点整。

下午 3 点，冲锋艇又出发了，主要目标是寻找金刚鹦鹉和猴子。冲锋艇刚开出不远，就看到白色的河水与黑色的河水混合在一起，两种颜色的水界线清晰。这可能是亚马孙河特有的现象：黑水富含腐殖质，水的 pH 值大约为 4，而白水是从上游下来，富含矿物质，pH 值大约为 7.5。Segundo 告诉大家，当地人把这种现象称之为咖啡加奶。我们同行的专业摄像师刘惠明先生这样描述这种现象：一条河的河水有几种颜色您见过吗？在奔腾的亚马孙河上，我亲眼见证了这一奇异的景观。我们乘坐的观光快艇在亚马孙河道上快速行驶着，平静的河面被犁开两片白色的水花向后落去，远远看去就像给快艇插上了一对雪白的翅膀，迎面而来的河风吹在脸上令人心旷神怡。作为此行的摄影师，我正站立在高高翘起的船头上，用摄像机拍摄着沿岸美丽的雨林风光。这时，站在我身边的领队突然指着前方，大声地喊道：快看！前面是黑白河水分界线……随着领队的手指方向望去，不远处的河水突然变成了一片深黑色，我们刚刚行驶而来的浅黄色河水，就像突然被一支神奇的利刃齐齐划断，成为一白一黑两块泾渭分明的水体，两股河水颜色对比反差鲜明、互不相溶、并行流淌，一条无比清晰的分界线绵延无尽。这时我们的快艇已经减速行驶，船头慢慢滑过这条奇妙的水中分界线，我的摄像机清晰地记录下了这一大自然的奇异景观。一条河水何来两种不同的颜色呢？这正是亚马孙河的神奇所在。原来亚马孙河的上游由两条大河组成：一条叫索里摩艾河，人称白河，河水的颜色和世界上的其他河流没什么两样，发源于秘鲁高地，几乎横贯大陆到达安第斯山脉的东麓；另一条叫内格罗河，又叫黑河，发源于哥伦比亚高地，一路上汇合了从热带雨林枯枝落叶下渗透出来的雨水，浓稠的河水含腐殖质呈酸性且不透明，就像泡过的浓茶水，颜色浅的地方看上去像红茶，深的地方看上去像黑咖啡，汇聚后的两股河水，需要较长的时间才能彼此融合。这样，因水体来源和所含物质比重的不同，两河相交就形成了眼前像鸡尾酒一样层次分明的"黑白汇"，这样的水体交汇处还有好几处，是亚马孙河流的一大奇观。当地印第安人常常对此顶礼膜拜，在河水交汇处祭撒鲜花，表达对河神的敬畏之心。

紧接着，一个沿河的小城市出现在我们面前。领队介绍说，这个城市有 2.5 万人，岸边的河水里有一些船上装着木头，准备卖到美国。一些孩子们在欢快地跳水和游泳。随即，看到一些漂浮的房子：用木头做筏子，房子用绳子拴在活的树上。我们围着一个房子转了一圈，仔细欣赏这些漂浮的房子的结构。

继续向前，迎面是一大群巨嘴燕鸥，在天空盘旋，偶尔有一两只像下饺子一样一头扎向水里，随后是爪子抓着鱼飞翔，鱼在阳光下一闪一闪地反射着亮光。于是我让 Segundo 告诉驾驶员我们要去拍摄这些燕鸥。冲锋艇刚刚启动，一艘小船从对面驶来，一个妇女高高举起一条鱼。Segundo 跟她说了什么，她转了回来，船上竟然有一条食人鱼，于是食人鱼成了明星，大家传来传去地拍照。紧接着，Segundo 又从船里拿出一条鲜活漂亮的黑鱼，有着吸盘似的口器，样子有点像清道夫，但体积要大得多，大家又是一阵传递。据查资料，这条漂亮的黑鱼原来是 2010 年夏季秘鲁生物学家在南美亚马孙雨林中新发现的一种奇特的食木甲鲶鱼物种。这种食木甲鲶鱼至今未被命名，它们最大身长可达 80 多厘米，长有甲壳，并长有一副很特别的牙齿，像勺子一样。以吞食水中的木材为生。在水下的日子里，它们就是用这副牙齿来锯木头、吃木头的。美国加利福尼亚大学的杰曼称，虽然这种鲶鱼是未被科学鉴定命名的，但它却是亚马孙河流域居民的常见食物，尤其是秘鲁居民。随后，Segundo 把食人鱼和一些野生的水果买了下来。

　　随即，我们再次驶向巨嘴燕鸥群，拍摄它们壮观的捕鱼场面。燕鸥大都会潜水捕鱼，并会在扎猛子之前先悬停一时。巨嘴燕鸥可以说是我们行驶过程中最常见的鸟，它们喜欢在河里的树枝上栖息，或者在船的前头飞行。这是一类体型中等至大型的鸟类，羽毛一般呈灰色或白色，头上往往有黑色斑纹。它们的喙稍长，脚有蹼，身体轻盈，身体呈流线型，飞行时长尾巴及双翼很优雅。它们会发出刺耳及单音的叫声。它们一般成大群的聚居，鸟巢可以由地上收集的树枝或浮叶所组成。这类鸟一般都较长寿，有些物种可以生存超过25～30年。

　　尽情拍摄了一阵子，冲锋艇继续前行，进入蒲苇形成的狭窄航道。前面听到马达声，我们的船停靠在侧面让对方经过。原来是一条船拖着几根长长的木头。我们询问这是什么情况，Segundo 说是个人采伐的木头准备回家盖房子，这样的采伐不需要政府批准，如果是大规模的采伐则要批准和纳税。

　　随即，冲锋艇驶出狭窄的水道，到了开阔的水域。看到一些自然死亡的棕榈形成的一个个直立的树桩，鹦鹉就在里面筑巢。一大群绿色的鹦鹉，在一个树枝上。于是我给大家讲什么是栖息地选择。

　　冲锋艇在水面不知不觉地游荡，何丽希望能回去拍摄那一大群鹦鹉，于是我请 Segundo 掉头，就在这时前面传来消息：有一只树懒。于是，我们选择向前行驶。刚驶出不远，在对面船上 Usiel 的指引下，我们看到了一只三趾树懒在树梢上。树懒分为两趾树懒和三趾树懒，但亚马孙河只有三趾树懒（*Bradypus variegatus*）。树懒真的很懒，一生中有 70% 的时间都在睡觉，每天要睡 15 ～ 18 小时，只在必要的时候活动，遇到天敌

的时候会放开手臂让自己从树上掉下来。它们的天敌包括鹰、豹子和人类。长臂可以让它们毫不吃力地倒挂在树枝上。树懒每一周爬到树下排泄，树懒有精子储存能力，交配一次可以储存3年，母树懒怀孕6个月才生一胎，一年只能生一个孩子。区分雌雄树懒的方法很简单：雄树懒背上有橙色的花纹，而雌性树懒则没有。

拍摄了没多久，一位女团员问我能不能回去，原来她是内急。我有点迟疑，因为这是最佳的看动物时间。我征求Segundo的意见，他跟我说前面有一个小村庄，是否方便。我于是询问，这个女士欣然同意，于是我们把冲锋艇靠上岸。但两只看家狗无事生非地狂吠不已，让她望而却步，我于是请罗雅丹陪同一下。随即，两条船上的男士索性一块儿解决了生理需求，免得再有人着急往回走。

　　傍晚6点出头，天开始暗了下来，我们打道回府。回到房间，我竟不知不觉地睡着了，睡梦中忽然被一阵敲门声吵醒，睁眼一看，已经过了晚餐时间20分钟了，于是赶紧去餐厅，Freddy正在等我，跟我核实今天哪位女孩过生日。根据他提供的名字，我告诉他哪位是刘聆溪。环顾餐厅，发现刘聆溪已经吃完饭了，于是我出去寻找，在三楼的会议室把她喊回来。刘聆溪跟她妈妈李健刚坐到一起，灯突然灭了，随即响起"祝你生日快乐"的奏乐声。船上的总经理Oliver捧着蛋糕，在两个人面前虚晃一枪，最后走到了刘聆溪面前，刘聆溪和她妈妈李健开心地流出了眼泪。流眼泪的，还不止她们母女俩，罗雅丹也流泪了，嘴里说道：太感动了！李健后来这样写道：我正在享用甜点，早已吃完去玩儿的聆溪一脸茫然地被叫了回来，刚落座，餐厅的灯突然灭了，"咦？！"惊讶之际，门开了，摇曳着烛光的蛋糕，引领着载歌载舞的小乐队，踏着生日快乐的乐曲，虚晃两枪后，来到了聆溪的面前，聆溪恍然大悟，甜甜地笑了。大伙围了上来，欢快的乐曲围绕着她，聆溪幸福地笑啊，笑啊，直到赵阿姨提醒，才想起吹蜡烛。乐队成员逐一热情地与她拥抱，团员们纷纷送上祝福。在遥远的南美洲，聆溪又长大了一岁。虽然有过各种的生日活动，但这地球另一端的惊喜，却是我和孩子最为感动和难忘的。

冲锋艇再次行驶，我正跟曾武说话，忽然看到树上垂吊下来一条尾巴，再一看是一个清晰的猴子身影。我本能地喊道：monkey，monkey！领队 Usiel 拿望远镜一看，是只僧面猴（*Pithecia monachus*）。这种猴子头体长约 40 厘米，尾巴大约和身体等长，不太卷曲。据说第一次发现这类猴子的法国学者首次见到僧面猴时，感到十分惊奇，一眼发现它们头上的毛发活像套上的假发．于是就给它们起了一个怪怪的名字"假发猴"。它们全身毛发长而密，尾毛较身体其他部位的毛发更长且蓬松，似狐尾，故又名狐尾猴。

第6天
Day 6

麝雉、僧面猴、
凯门鳄

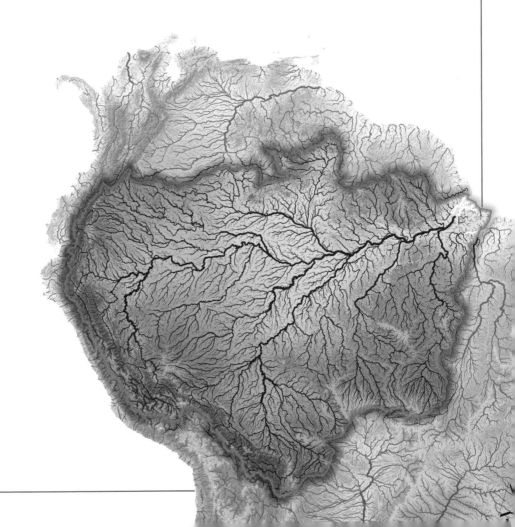

早晨 4 点多，我便醒来，整理前一天的日记。6：30 又出发，今天是到外面野餐。

冲锋艇刚驶离大船，就看到很多从美国迁徙来的燕子在树上，Usiel 开玩笑说：它们是从美国移民来这里的。紧接着，他说前面有一窝正在抱窝的麝雉。果然，我看见几只大鸟在飞，从惊叫的声音和笨拙的飞翔姿势上判断，就是它们。我们悄悄靠近麝雉，领队用激光笔指向两个褐色的小团团，我用肉眼真的看不清是一只小鸟，但不管三七二十一，先按动快门拍摄下来再说。大鸟又飞了回来，或者准确地说是跳了回来，把其中一只可能是覆盖在了翅膀下面，另一只一动也不动。从我们到达到离开，那个小的麝雉竟然一动都没动，连姿势都没有变换过。

麝雉（*Opisthocomus hoazin*）是一种史前鸟，栖息在森林的中层树干上。它们长有羽冠，成鸟体长约 56 厘米，上体呈咖啡色，稍杂有白斑，下体和羽冠均呈淡红褐色，脸部裸出的皮肤呈蓝色。麝雉具有原始鸟的一些特征：幼鸟翅的指上有爪，适于攀登树木，另外还有许多与普通鸟类迥异的性状，如嗉囊特别发达，能榨碎食物，取代砂囊的功能，是唯一一种翅膀中间长爪子的鸟。这种鸟栖息在经常遭遇洪涝的雨林中，不善于飞行却擅长游泳，所以常常在水面上方的树枝上筑巢活动以便及时泅水逃生、躲避敌害。食物以叶片、花、果实等为主，有时兼吃小鱼、虾蟹。喜群居，白天常集大群栖息于河边的树上，不时发出尖叫声。麝雉的拉丁学名含义是"梳披肩发的雉"，但中文名含义有所不同，之所以被加上"麝"的桂冠，是因为它们身体里散发出一种强烈的气味。

随后见到一只体型较小的巨嘴鸟，在很高的树上。巨嘴鸟有 6 属 34 种，体型大小不一，嘴形似刀，通常颜色很漂亮，叫声响亮，主要以果实、种子、昆虫、鸟卵和雏鸡等为食；以树洞营巢。

继续前行，看到很多果树，三个少年在钓鱼，两个鱼竿上挂着鱼，向我们展示着。紧接着，我们见到一棵炮弹树，我让船行驶到炮弹树的下面，给大家解释炮弹树（*Couroupita guianensis*）的特征。这种植物之所以有这样的名字，是因为其果呈球形，直径达 20 厘米，木质，形似生锈的炮弹。这种植物有典型的茎花现象，茎花现象亦称老茎生花现象，指的是花或果实直接长在乔木树干上。茎花现象是雨林乔木群落典型的特征，其生态学意义是适应昆虫异花传粉的一种技巧。发生茎花现象的植物在热带地区可达 1000 种以上，包括可可属、木菠萝属、柿属、榕属等。眼前的这棵炮弹树，是玉蕊科（Lecythidaceae）的一种软木质高大乔木。炮

弹树果子朝地面一段有一个小帽子似的结构，在果实成熟的时候会脱落。里面的果肉很厚，成熟的时候猴子、果蝠都会来吃，并帮助传播种子。

冲锋艇再次行驶，我正跟曾武说话，忽然看到树上垂吊下来一条尾巴，再一看是一个清晰的猴子身影。我本能地喊道：monkey，monkey！领队 Usiel 拿望远镜一看，是只僧面猴（*Pithecia monachus*）。这种猴子头体长约 40 厘米，尾巴大约和身体等长，不太卷曲。据说第一次发现这类猴子的法国学者首次见到僧面猴时，感到十分惊奇，一眼发现它们头上的毛发活像套上的假发，于是就给它们起了一个怪怪的名字"假发猴"。它们全身毛发长而密，尾毛较身体其他部位的毛发更长且蓬松，似狐尾，故又名狐尾猴。僧面猴属于胆小害羞的猴子，生活习性也十分特别，它们居住在树梢，很少来到地面，通常以小家庭型态群居。于是，冲锋艇停了下来，大家举起大大小小的长焦镜头相机，朝着几只猴子一通"咔嚓"。

拍完猴子之后，我们紧接着见到一片含苞待放的黄色和红色的花，以及它们的果实，领队称之为 Body brush flower。我后来上网查了一下，这些漂亮的花可能是桃金娘科植物，该科植物主要产于澳大利亚和美洲的热带和亚热带地区，有 100 属约 3000 种。该科植物虽然花朵纤细，但这些花共同的特征是雄蕊多如睫毛，花丝细长柔顺。

这里也可以见到很多附生植物和一些槲寄生植物。附生植物的根群附着在其他树的枝干上生长，利用雨露、空气中的水汽及有限的腐殖质（腐烂的枯枝残叶或动物排泄物等）为生。我们在亚马孙常见的附生植物包括凤梨科植物和兰花。而槲寄生植物是寄生在其他植物上的植物，它们可以从寄主植物上吸取水分和无机物，进行光合作用制造养分。它们往往四季常青，开花结果。

随后，我们找了一个静谧、没有阳光直射的树荫下吃早餐。封楚君写道：今天不用回大船吃早饭了，我们要在亚马孙河的支流上野餐。装着全团人的两艘冲锋艇慢慢靠在一起，船员用绳子把两艘艇连在了一起。然后，就开始分早餐了。每个人都有一大盒早餐，这一大盒早餐可是相当的丰盛！盒子里有一个三明治，一个夹着肉的汉堡面包，一块小面包，一个小蛋糕，一罐饮料，一个苹果和一个橘子，这么多食物和餐具在盒子里都摆放得很整齐。早餐就是这些？不，除了这些，船上还带了两桶饮品，一桶咖啡和一桶茶。大家一拿到饭盒就都立刻打开盖子享用了起来，这顿早餐不光中看，它还中吃！在河上的这顿野餐一点儿不比在别的地方吃得差！这顿美味野餐是怎么来的呢？这就一定要感谢在船上为我们默默服务的船员，他们这天一定起了个大早，在厨房为我们忙活着，赶着在我们走之前做好早饭，装上冲锋艇。

吃完野餐刚驶出不远，就见到一只凯门鳄蜥（*Caimen lizard*），这种爬行动物属于日行性、半水栖型的蜥蜴。它们只分布于南美，数量相对很稀少，大部分时间都待在水中，栖息在沼泽、河流及水淹的森林里，偶尔也会悬挂在水面的树枝上晒太阳。它们的体长可达 0.9~1.1 米，体色主要为亮绿色或褐色，头部则为橙色。它们的头部很健壮，上下颚强壮，用于咬碎食物，臼齿般的牙齿则用以取食水栖螺类，将不能消化的碎壳吐出。这只鳄蜥可能是感受到了威胁，一下子跳进水里。不过动作算不上跳，更像是掉进水里。

紧接着看见一只树懒，两只手抱着树干悬挂着。我们观察了一会儿，便找到一个水相对比较浅的地方开始垂钓食人鱼。我感觉有鱼不断地咬钩，可就是钓不上来，难免有点失望。有同样感受的肯定不只我一个人，团队中年龄最小、只有 9 岁多的罗予豪这样描述道：我们把牛肉挂在鱼钩上，抛出鱼钩，过了好久也没一条鱼上钩，很多时候都是眼见着要上钩了，但是刚把钩提到水面鱼就跑掉了。这里钓鱼的方式很特别，要用鱼竿敲打水面，让鱼儿以为有虫子掉到水里赶紧过来吃。后来我们收起鱼竿换地方，几乎船每一次停下来，我们就情不自禁地想拿起鱼竿来钓鱼。再后来，我们找到了当地村民钓鱼的地方，那里有栋小房子，是供他们休息的地方。我们全团的人都在那里钓鱼，时间过得很快，中午要回到大船吃饭了，但是运气一直不好，一条鱼也没钓上来。

关于罗予豪提到的这个"有栋小房子的地方"，有一件事是他不知道的：我们为此支付了 60 美元的"保护费"。其实，对于这种做法，我个人还是很赞同的，这可以用富裕的游客的钱支持对生态系统和野生动物的保护，反过来也能让人们长期有机会欣赏大自然的美丽和生物多样性之丰富。

回来的路上，见到一个庞大的社会性蜘蛛的巢穴，这样的巢穴一般是由几千只很小的蜘蛛集体编制而成的。我们短暂停留之后继续前行，Usiel 发现一对儿五彩金刚鹦鹉在树上交配，他打诨地说它们刚结婚。金刚鹦鹉（Macaw）产于美洲热带地区，是色彩最漂亮、体型最大的鹦鹉之一，共有 6 属 17 个种。金刚鹦鹉具对趾足，每只脚有 4 只脚趾 2 前 2 后；尾极长，属大型攀禽。它们的食谱由许多果实和花朵组成，食量大，有力的喙可将坚果啄开，用钝舌吸出果肉。在河岸的树上和崖洞里筑巢。寿命可达 70~80 年。金刚鹦鹉中最具代表的是五彩金刚鹦鹉（*Ara macao*），

是色彩最漂亮、体型最大的鹦鹉之一，面部无羽毛，布满了条纹，有点像京剧中的脸谱，兴奋时可变为红色。

继续向前走，到了水边的一户人家。我们的冲锋艇靠拢过去，我起初没明白为什么，后来才知道领队是把我们没吃的面包送给当地的孩子们。这个家庭有好几个孩子，其中有一个 15 岁的小女孩尚未出嫁。我开玩笑地问那个妈妈：我们冲锋艇上有三位优秀的中国男孩，你看看喜欢哪一个？那妈妈乐得合不拢嘴。

11：30 回来，午餐。下午 3 点，是一场报告，介绍保护区的情况，我睡着了也错过了。睡梦中有人敲门，我一看，还差 10 分钟 4 点了，赶紧起床，收拾出发。

　　刚出来不久，就看到一串长鼻蝠，王喆用手抄网抓到了蝙蝠。赵小苓女士记述了这个过程：导游 Usiel 发现了河边树干上有几只蝙蝠，并用激光笔指给我们看，我仔细看了半天才看清楚。蝙蝠有着与树干色泽相同的保护色，身体大小有 5 厘米左右，距离远了，很难辨别。不由得感叹 Usiel 有一双鹰一般的眼睛（返回大船之后我就叫他"Eagle eye"）。冲锋艇慢慢地朝蝙蝠栖息的树干靠拢，王喆博士此行的目的之一就是要取蝙蝠的样品，带回去研究。这时，她让大家先拍照，等大家都拍够了以后，她抄起手中的昆虫网向树杆猛地一挥，蝙蝠的特殊听觉系统接收到了网的反射超声信号，迅速地四下飞逃，只见王喆眼疾手快，娴熟地把网快速往回一翻转，一只蝙蝠乖乖地落入囊中。见到这精彩的一幕，大家既兴奋又激动，全都在冲锋艇上站了起来。我不得不佩服这位女博士，看起来瘦小而柔弱的身驱，却蕴藏着如此巨大的能量。接下来她平静地用毛巾保护着手，找到蝙蝠头部在网中的位置，熟练地把蝙蝠从昆虫网

尖长鼻蝠（*Rhynchonyeteris naso*），顾名思义，鼻子较长，使脸部突出成尖形。它的身体只有鸡蛋那么大，体毛主要是棕灰色，臂膀和体背点缀着白色条纹，整体看上去，与树皮的颜色无异，因此它们栖息在树干上时，很难被发现。尖长鼻蝠与大多数蝙蝠一样，夜晚利用回声定位，以捕捉昆虫为食。

中取出来，撑开蝙蝠的翅膀，蝙蝠的全貌就展现在大家眼前。让大家一饱眼福之后，便将蝙蝠装进准备好的布袋，带回大船取样。大家这才收起了兴奋的心情，恢复平静后坐回船上的座位。

关于这种蝙蝠，王喆介绍到：它们是尖长鼻蝠（*Rhynchonyeteris naso*），顾名思义，鼻子较长，使脸部突出成尖形。它的身体只有鸡蛋那么大，体毛主要是棕灰色，臂膀和体背点缀着白色条纹，整体看上去，与树皮的颜色无异，因此它们栖息在树干上时，很难被发现。尖长鼻蝠与大多数蝙蝠一样，夜晚利用回声定位，以捕捉到昆虫为食。

继续向前，见到一只鳄蜥和一只夜鹭（*Butorides striata*）。我们没有逗留。随即驶入一片水草地，这里有好多小雨蛙。其中有一种叫长颈鹿树蛙（Giraffe frog）或者小丑树蛙（*Dendropsophus leucophyllatus*），身上的斑纹确实有点像长颈鹿。小朋友们忙着寻找和捕捉小青蛙，冲锋艇上的人们一下子热闹起来。

紧接着，我们见到一个马蜂窝，我很好奇它的颜色为什么是白色的，Usiel 解释道，这种马蜂窝是用它的粪便制作的，而我对它的见解则是这可能与树皮的颜色有关，或者是一种警戒色。随即见到一只树懒带着幼崽，栖息在高高的树上。由于见到好多次了，大家也失去了第一次的兴奋劲儿。继续前行，来到一个水面平静的湖中央，领队和驾驶员给大家递上姜茶，长颈鹿树蛙（Giraffe frog）或者小丑树蛙（*Dendropsophus leucophyllatus*），身上的斑纹确实有点像长颈鹿。

团员们开始聊天，最主要的话题还是蚊子。随后，太阳开始慢慢降落，日落的过程非常漂亮和壮观，我们禁不住拍了很多照片。

王志恒和他的妈妈何丽女士这样描述道：夜幕开始慢慢降临，漫天红霞倒映水中，火烧云在肆意绽放着最后的美丽，天地间形成了一幅红与黑的绝美画卷！每个人的脸庞，在晚霞的红色晕染下，都是那么的动人。

在等待天完全黑暗下来的短暂休息时刻，船方的服务也非常周到，为我们准备了姜茶驱寒，还有可口的薯片、香蕉片等小零食以补充体力。晚上亚马孙的蚊子是更加的恐怖，我们都做好了充分的应对，戴着防蚊帽、手套，还喷了驱蚊液！在亚马孙流域，白天我们是可以不穿救生衣的，但到了晚上，就要严格地按规定每人穿上一件救生衣。

随即，天足够黑了，我们启程寻找凯门鳄。Usiel拿着大灯，照向草丛。没发现凯门鳄，却见到一只秘鲁小鸮（*Glaucidium peruanum*），紧接着是两只林鸱（potoo）：小的是普通林鸱（*Nyctibiius griseus*），大的是白翅林鸱（*Nyctibius leucopterus*），它们的颜色是灰褐色且有斑驳，眼睛在闪光灯的照耀下就像两盏灯一样。林鸱为中型鸟类，常在树上采取直立的姿势，日间挺立于树枝或木桩上，夜间短途飞行捕食飞虫。它们是独自栖居于森林和草原的鸟，具有高度夜行性，一般不在白天活动。白天它们半闭着眼睛栖息在树枝上，利用其羽毛的花纹来伪装成树桩，黄昏和夜晚外出觅食，其典型的捕食方式是守候在树枝上，等昆虫路过突然飞出捕捉。甲虫是其食物的主要组成部分，但有时它们也会捕捉飞蛾、蝗虫和白蚁。

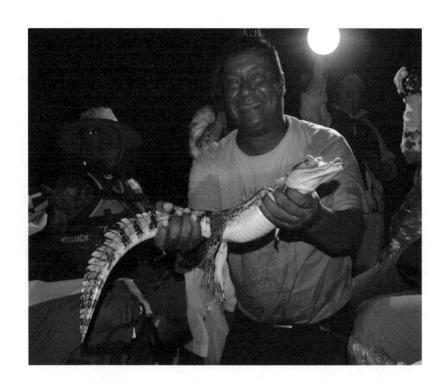

行驶中，Usiel 突然告诉我，Segundo 掉到水里了。后来，赵小苓女士的文字让我知道了这个过程的细节：晚上，大家又全副武装地出发去抓凯门鳄，这天的晚霞特别的美；可惜没在大船上，否则没有树丛的遮挡，一定能拍到更漂亮的晚霞照片。夜幕慢慢地降临，船在黑暗中悄然行进，导游 Segundo 在冲锋艇的前头用手灯左照右照，突然发现了目标——一只黄褐色的小凯门鳄。冲锋艇悄悄靠近，我们也屏住呼吸，生怕惊跑了鳄鱼。领队 Freddy 用灯照着小鳄鱼，而 Segundo 则匍匐在船头，伸手猛然一抓，由于他用力过猛失去重心，一下掉到河里了。当时我吓坏了，不知道这小凯门鳄的妈妈体型到底有多大？万一就在附近，那可就危险啦。马上跑到船头去帮助拉 Segundo，结果他先把裤兜里的手机递了上来，我接过来一看，全都是水，肯定报废了。等大家把 Segundo 拉上船，只见他浑身上下湿漉漉的，我以为今晚的活动就这样结束，该打道回府了。没想到他还真是敬业，又开始继续搜寻。不久，又发现了一只小凯门鳄，冲

085

锋艇再次悄悄靠近，我也没看清鳄鱼在哪儿，只是
屏住呼吸，看着 Segundo 再次匍匐船头，伸手猛然
一抓，一只小凯门鳄被抓到了。大家兴奋得争先恐
后地举起相机拍照。我换上一双特地带来的新手套，
想拿一下小鳄鱼拍照，被告知不可以！后来又有人想
伸手摸一下，也被告知不可以！等树义他们那艘冲锋艇过
来，把小鳄鱼转交给他们，却听见树义在向学生们讲解如何拿握小鳄鱼
的方法。真是搞不懂，我们为什么就连触碰一下都不行？

Day 6

赵小苓女士说的是实情。两个领队交接了凯门鳄之后，我给大家展
示如何拿凯门鳄：一只手托住颈部，不要被咬到；另一只手托住后半身，
不要让动物受到伤害。随即，我们这艘冲锋艇的几乎每个人都轮流手拿
小凯门鳄拍了照片。凯门鳄比其他的鳄鱼小，成体平均身长只有 1.2 ~ 1.8
米，这次抓到的是未成年的小凯门鳄，只有大约 60 厘米长。

晚上回到大船之后，我才听说另一条冲锋艇上的领队 Segundo 不允
许大家手拿凯门鳄拍照片，我向队长 Freddy 含蓄地表达了自己的不满。
Freddy 解释说，这是因为鳄鱼会对我们手上的防蚊子的东西敏感，如果想
拍照片的话，明天再出去，拿凯门鳄之前大家先洗一下手。关于 Segundo
的手机，同行的黄夏先生给了补偿——真是好同志！

来亚马孙河，一睹食人鱼的风姿，是我最渴望的活动之一。我们来的这段时间正值秘鲁亚马孙河的雨季。导游昨天就介绍过，在雨季食人鱼是很难钓的。昨天的无功而返让我们对今天的巡游没有抱什么希望。但听到钓鱼两个字，又在我心底勾起一丝念想。我们花了大"本钱"。没听说过用牛肉作鱼饵吧？船行到第一处，我把牛肉挂上鱼钩下杆，一下子就能感觉到杆子一次次地震动，抢食啦！狡猾的食人鱼，疯狂地撕咬着鱼钩上的牛肉。

第 7 天

Day 7

畅游亚马孙河，
小分队有大收获

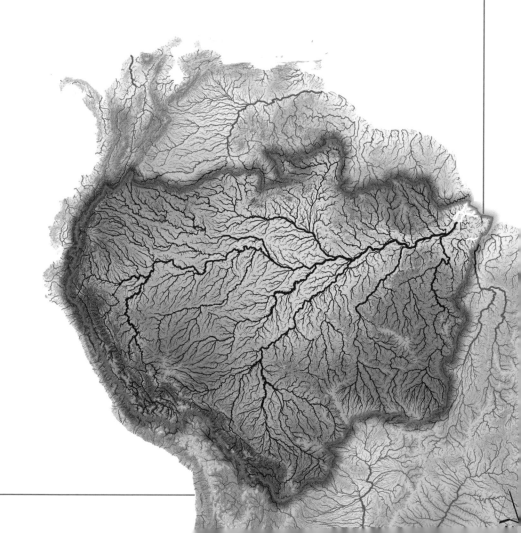

凌晨 2 点多就醒来，整理日记。6 点多去图书室核实昨天看到的动物名称，刚好 Segundo 在，跟他确认了几个鸟的物种名称。6:30 去餐厅吃饭，7：30 冲锋艇出发。

走出没多远，就看到一个保护区管理站一样的地方。没有停顿，继续向前，又看到两只麝雉，拍了几张照片，继续赶路。在一片水塘里，见到两只肉垂水雉，在水草上轻盈地踱步，这次终于拍摄到它们清晰的照片。对于冲锋艇驾驶员来说，这里可不是好地方。水草太多，把螺旋桨都缠住了，前面冲锋艇的驾驶员不断低头整理螺旋桨上的草。再往前走，见到一棵绞杀藤，我给大家讲解绞杀藤的故事。绞杀藤是生长在热带丛林里的藤类植物，它们缠绕寄生在大树上靠吸取大树的养分而生长，但最后会导致被倚靠的大树死亡，故名绞杀藤。

我这边讲解着，两个领队则一前一后挥刀奋力砍掉阻挡我们前行的树枝，这时发生了一个好玩的事情：前面的 Usiel 竟然把刀掉到了水里。终于，走出了纠结的草丛，到了开阔地。遇到一只河豚，Freddy 和他的同事拿出设备，让大家听河豚的叫声。跟生活在海洋里的其他海豚一样，这里的两种河豚也是靠回声定位来判断目标的远近、方向、位置、形状，甚至物体的性质。海豚使用频率在 200～350 千赫的超声波进行回声定位，而人类听觉范围介于 16～20 千赫之间，所以人类无法听到海豚所发出的探测食物的超声波，但可以偶尔听到海豚同类间相互联络所使用的部分低频声音。要想听到它们发出的超声波，需要用仪器将其声音频率降低 10 倍，转化为人耳能听到的声音。

　　继续前行，冲锋艇的马达声刚刚把树上一群群巨嘴燕鸥给惊飞了。Segundo 忽然喊起来：monkey！我们一看，果然有一大群松鼠猴在树丛间跳跃，领队招手把船停下来，我们在一个裸露的空间静静地等待它们的跳跃，我的相机记录了 3 个松鼠猴跳跃时不错的瞬间。松鼠猴（*Saimiri sciureus*）是小型猴类，体形纤细，尾巴相对很长，毛厚且柔软，体色鲜艳多彩，口缘和鼻吻部为黑色，眼圈、耳缘、鼻梁、脸颊、喉部和脖子两侧均为白色，头顶是灰色到黑色。背部、前肢、手和脚为红色或黄色，腹部呈浅灰色。它们有一对眼距很宽的大眼睛，和一对大耳朵。松鼠猴为杂食性动物，喜食各种水果及小型昆虫，以水果、坚果、花、花苞、种子、鸟蛋、昆虫及小型脊椎动物为食。它们通常在靠近溪水的地带活动，树栖，偶尔也到地上活动。一般 10～30 只一群，有时可达 100 只甚至更多的大群。它们活泼好动，通常在树枝间跳来跳去。

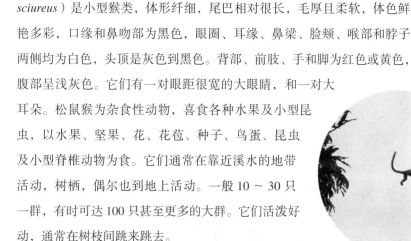

紧接着，我们继续行驶，见到了红吼猴，但遗憾的是它们很快便从我们的视野里消失了。好在录到了它们的声音。继续向前，是一大片开阔的水面。驾驶员让我们这些客人轮流开船，体验一下驾驶的感觉。随即不久，我们到了第二个保护区的木制大房子。抵达的第一件事是轮流奔赴洗手间。几个孩子欢快地玩着吊床。不过，专业摄像师的关注点跟孩子们可大不一样，刘惠明先生这样写道：停下船后，我就发现我们的快艇驾驶员直奔木屋旁的灶台而去，那上边放着口大铝锅，里面正冒着热气。他要干什么呢？我提着摄像机好奇地跟了过去。这时驾驶员正兴奋地用汤勺往碗里舀着什么，我透过蒸汽闻到一种炖汤的味道，当我对准镜头一看，天呀，锅里是几条黑乎乎的鱼，汤水还白花花、黏糊糊的，看着就让人没食欲。一个问号冒了出来：难道这是印第安人的美食？装了满满一碗"美食"的驾驶员正在一边狼吞虎咽，我的摄像机不停地记录着碗里、嘴里以及食者大快朵颐的神态。经过领队的介绍我才知道，这种鱼叫波道（BODO），外形丑陋可怕，有魔鬼鱼的雅号，很像我们水族缸里养的

清道夫，亚马孙河中生长着很多这种鱼类。当地人常常将这种鱼带皮与香蕉煮在一起当做主食。您瞧就这么简单，两种取之于大自然的天然食材加上一锅清水，成就了一道看似粗糙，但营养丰富的亚马孙美味，就看你敢不敢亲口品尝一下了。

我也注意到这座木房子中的盆子里有些腌制的鱼。因为这个季节不容易钓鱼，当地人在容易钓鱼的季节便会多钓上来一些鱼腌起来。王喆发现房子里有很多死蝙蝠，是被挂在房顶上的破渔网粘住而死掉的，估计是这些蝙蝠来栖息，它们的粪便骚扰到这些当地人；另外的可能就是防吸血蝙蝠。我竟然忘了问一下缘由。

就在房子前面的不远处，还栖息着两只角叫鸭（*Anhima cornuta*，英文名是 Horned screamer），属雁形目叫鸭科角叫鸭属，是叫鸭科中体型最大的一种，身长 86~94 厘米，翼展 170 厘米，体重 3.15 千克，寿命 15 年。游泳时很像一只鹅。它短嘴略弯，有一双有力的腿，爪尖凹陷。角叫鸭看起来非常庞大，而头部相比身材就显得较小。黑色的长羽毛在头顶形成一个飘动的角羽。全身羽毛以黑绿色为主。头顶和脖子有白色斑点。银白色的大斑点覆盖了整个宽厚的肩膀，尤其是在飞行中可见。下体、腹部和腿部是纯白色。其喙像鸡嘴，趾间具微蹼，翼上有尖距。角叫鸭是嘈杂的鸟类，在 3 千米的距离以外就可以听到它们的声音。它们栖息在雨林、沼泽、河水附近的草地。这些鸟是南美洲特有种，分布面积从哥伦比亚延伸到阿根廷北部的安第斯山脉，它们主要在低海拔的地区活动。它们的食物主要是素食，吃植物的叶、茎、花和根部最软的部分，偶尔也吃昆虫，吃草的方式和鹅相同。

王喆这样表述了她对亚马孙鸟类的喜爱：以前我对鸟的兴趣不大，但自从看了亚马孙河流域的鸟，我开始喜欢观鸟。因为亚马孙有丰富的鸟类物种，样貌迥异，生活习性各不相同。在快艇上，每一天我们都能近距离观察到各种各样的鸟，通过导游的介绍，我也认识了很多种鸟。比如，善于筑巢的褐背拟椋鸟；高空盘旋吃腐肉的黑鹫；在水边叼小鱼的大白鹭；蓝色眼圈的黑冠白颈鹭；成群飞行的黄巾黑鹂；吃蜥蜴小蛇的黑领鹰；赫赫有名的金刚鹦鹉；等等。我最喜欢的是原始而长相奇特的麝雉和角叫鸭。麝雉是圭亚那的国鸟，头顶长有像印第安酋长帽似的羽冠，脸部呈蓝色，全身羽毛黄、褐、黑色相间，非常美丽。角叫鸭体型较大，黑色的长羽毛在头顶形成一个飘动的角羽，全身羽毛以黑绿色为主。在角叫鸭翅膀第一指的位置有爪钩，这是很原始的特征。

随后，我们动身去游泳，为了让大家排除顾虑，我第一个跳了下去。对游泳的过程，封楚君是这样描述的：

最早听说要在亚马孙河里游泳，我的心里其实有些忐忑，既想去尝试一下在这样的原生态环境里游泳，又怕在这河里遇到什么危险。尽管张教授和船上的人都强调我们游泳的地方水绝对干净而且安全。但我心中仍然有些顾虑，要知道，一提到这神奇的亚马孙河，我的脑子里第一个蹦出来就是食人鱼什么的，在前几天的行程中，我发现亚马孙河上有时会漂浮一些树枝，有些地方可能还长有水草，又在纪录片里看到河里有一些危险的鱼类。知道了这些，我对于下水游泳的恐惧又加重了些。要去游泳那天，我再三犹豫，决定还是下水游吧，毕竟难得来一次，这样的机会还是去尝试一下比较好！于是我就在外裤里套上了游泳裤，登上了冲锋艇。到了游泳的那片水域后我才发现，我之前的那些顾虑全都是无用的，那里在一个保护区检查点边上，水面较开阔，没有杂草杂树，向导介绍水的 pH 值在 3.5~4 之间，不会有太多细菌，水很干净！两艘冲锋艇绑在一起后我们就开始准备下水了。张教授最先下水，只见他站在船边，纵身一跃，跳入了水中。很快，他的脑袋就浮现在了水面之上。他游到了船边，把眼镜摘下，倒掉了里面的水，又重新戴上了眼镜。这样的遭遇也提醒了我们！下去的时候眼镜一定要带好！张教授下水后，其他人也纷纷跳入水中，大家玩起了跳水。只是我比较健忘，到我下水的时候甚至忘记了戴眼镜，直接把眼镜套在头上睁大了眼睛跳了下去。下了水，我瞬间就感觉到情况不对，然后就习惯性地像在游泳池里一样向下伸直了腿想踩到底。这一动作瞬间让我下沉了好多，反应过来的我马上开始向水面游，浮上了水面。还好，之后游泳一切顺利，就是感觉好像河里的浮力比游泳池里的小，游起泳来感觉比游泳池里游泳累。在大家都纷纷跳进水里的时候，船员们向河里扔了几件救生衣，这些救生衣给了在河里飘荡的我们很大的帮助，它们不仅让我们游得轻松，我们游得累了或是有什么其他情况，一抓住救生衣立马就会安全感爆棚，扔救生衣的做法实在是太英明了！我们的向导 Usiel 也和我们一起下水，他在船上脱掉外衣后立刻引起了人们的注意。他长着一身结实的肌肉，非常强壮！听大家说，那是大多数团友见到的最壮的人，看到了他我才理解，平时我们说的别人的手比我的腿还粗是什么意思。Usiel 一显露体形，就把船上不下水的人的镜头从水里的我们吸引到了他身上，船上的人都跑去找他合影留念。黄夏先生是这次"跳水表演"里最令人印象深刻的人之一。他不光是跳水的次数多，在跳水的时候还会做出一些动作，他还拿着"中国户外探险联盟"的旗子高举在头顶，侧身跳入水中。

　　刘惠明先生也记录了这一段激动人心的时刻：我们的船离开木屋开到了一片平静的河面，据说这片水域的水质较适合下水游泳（忠告：亚马孙河不是哪里都能随便下水的）。我低头仔细瞧了瞧船边的河水，水色呈茶色不透明。都说亚马孙的河水神秘而恐怖，鳄鱼、水蚺、电鳗，还有那长满利齿的食人鱼，想想就让你毛骨悚然，五花八门的生物是不是就潜伏在这黑黝黝的河水深处呢？据考证：亚马孙河水里还生长着一种吸血的小鳗鱼，别看它个头只有 2 厘米长，特喜欢在人体上钻洞，曾有人下河游泳被这种小鱼钻进了尿道口，而一发不可收拾。对此，前来进行亚马孙水下研究的英国 BBC 科考队，潜水员下水时还特意穿上了网状内裤以保护下体安全呢。想远了，已经先行跳入水中的领队张教授正大声招呼着大家，现在是你敢不敢下水的抉择时刻了。其实我的水性非常好，4 种竞赛泳姿无不精通，大小山塘、水库、江河、大海全都游历过，可这是亚马孙呀，问问世界上有几个人能在亚马孙河里游过泳呀，这种经历那是可以荣耀一生的。得，下水吧，我把河面上伙伴们游水的镜头一拍完，放好机器后也麻溜地脱衣站到了船帮上，跳！一个不怎么漂亮的鱼跃入水（是因为恐惧紧张），让我终于和神秘的亚马孙河水融为一体了。经冰凉的河水一激，先前的紧张感也荡然无存，我展开双臂就畅游了起来。诶？不对呀，在这河里怎么游不动呢？人在水里感到浮力很小，阻力却很大，和我们以往在淡水里游泳的感觉完全不一样，游不了几下就感到很乏力，人仿佛要往下沉，这是为什么呢？后来一分析得出原因：这里的河水 pH 值为酸性，河水中含有大量的腐殖物颗粒物，河水的比重较大，人在水中的阻力也就变大，游起来自然就会感觉很吃力，亚马孙的河水学问大了。终于从河里回到了船上，湿漉漉的身体经河风一吹特别惬意。放眼望去，蓝天白云映照下的河水泛着幽静的光芒。今天是值得我纪念的一天，我在亚马孙河水中见证了奇景，也见证了自己。以后我会自豪地对别人说道：朋友，你在亚马孙河里游过泳吗？

游泳归来，我们不仅带着轻松和欢乐，还带回来一大盆食人鱼。原来，Segundo 在那个保护区发现有一些腌制的食人鱼，问我要不要买回来，我说当然。因为我知道当地渔民出售这些鱼的价格很低。于是，Segundo 垫钱把大约 20 条食人鱼全买了回来，目的当然是让大家品尝食人鱼的味道。摄像师刘惠明先生拍摄了食人鱼的烹调过程：船方为满足我们的味觉好奇，从渔民手上采购了十几斤食人鱼带回了船上，由大厨亲自料理。拍摄食人鱼的烹调画面自然落到了我头上。我们所见到的食人鱼，又名食人鲳（Red piranha），一般个头不大，小眼睛凶光毕露，鲜绿色的背部和鲜红色的腹部，体侧有斑纹，嘴里长满尖牙为三角形，上下互相交错排列，两颚短而有力，下颚突出，咬住猎物后不会松口，以身体的扭动将肉撕裂下来，因其具有善于攻击其他生物的特性，被称为"水中狼族"、"水鬼"。不少影视作品更是将其渲染成亚马孙河流里的第一号杀手。但不管它在水中有多厉害，现在出现在我镜头里的食人鱼，都已经被盐渍过，老老实实地待在大盆里任人宰割。年近五十，头戴高帽的大厨慢悠悠地开始了他的美食第一步：首先将鱼的内脏清理干净并用水洗净；然后将鱼拦腰剁成两半；再准备几颗洋葱头和圆红椒，一部分切段，一部分切碎

待用；点火后将色拉油少许入锅，待烧热后放入切碎的葱头和椒粒煸炒，香味出来后，将盐渍清理好的鱼块倒入锅中，同时倒入二分之一的清水开始盖盖清煮；约15分钟后开锅，放入味精（秘鲁好像没有鸡精）和粉状八角、胡椒香料粉，再加入二分之一的清水盖盖焖煮；约等15分钟后，大厨揭盖将切好的葱块、椒条、香菜末一并投入锅中。这时大厨用勺子试了试汤汁的味道后对着我的镜头举起了大拇指，满面得意的笑容似乎是告诉我大功告成了。就这么简单呀？这和我们中国葱、姜、蒜、料，酱、醋、酒、糖烹调鱼肉的方法比起来可太简单了，前后不过30分钟就出锅了，没有太多的厨艺可言，也许这才是亚马孙人食用鱼类的真实方法吧。说实话，食人鱼肉较紧实，除了咸味还带有一丝腥气，这原始的味道按国人的口味我是不太能接受的，但这可是大名鼎鼎的食人鱼呀，能吃上这亚马孙品牌的货，也算是难得的口福了，何况我的素材里有了食人鱼的尊容，除了我，中国又有哪位摄影师拍摄过烹调食人鱼呢？

中午，我们在甲板上吃的饭。下午，我在船上睡觉，被敲门，原来是罗总和黄总问下午如何安排。我们商议了一下，决定尊重每个人的意愿：愿意出去的人乘坐冲锋艇钓食人鱼和寻找黑色的凯门鳄，感觉累了的人在船上学习当地的饮食课。我随即看到王姝从餐厅里出来，王姝和她妈妈、王陆军先生和他妻子4个人正在汗流浃背地准备饺子馅。我笑了，跟王总开玩笑地调侃：这个世界需要搭配，有人提建议，有人为这个建议做努力，有人享受这个建议，我本人就是那个最后愿意吃饺子的人。

　　4点多钟，我去参观了烹饪课，罗总、罗雅丹、王总分别尝试，给他们拍摄了合影。随后，回房间休息，整理日记。赵小苓女士参加了烹饪课和包饺子，她这样写道：下午课程是秘鲁美食教学，教做秘鲁大名鼎鼎的亚马孙丛林美食"秘鲁大粽子"。这是一种在节日或是婚礼上要吃的传统食物，大米、鸡肉、熟鸡蛋用调料拌好，包在一种植物叶内，然后上锅蒸熟后食用。与中国做粽子的方法颇为相似。晚餐时，品尝了一下，不觉得好吃，可能不太符合我的中国胃吧。

　　晚上7：30，我听到有声音，是外出考察的人回来了。我到门口问了两个学生，看到什么有意思的东西了没有。两个学生冷静地回答：什么都没看见。我脱口而出："多亏我没去！"紧接着，我就挨门挨户地敲门，请大家出来包饺子。就在这时，出现了意见分歧：船方不太愿意让大家在餐厅包饺子，担心把房间弄脏。我也顾虑，建议黄总，每个队派两位代表去包饺子，其他人表演节目。关于包饺子的过程，赵小苓后来描述道：

大家认定这天晚上是中国的除夕夜（实际上已是中国的初一上午了），有人提议要包饺子吃。为了增加趣味性，想要搞一场包饺子比赛。我对比赛是持反对态度的，吃饺子并不是南方人的喜好，但是为了过年，吃一下也无可厚非。食物是要入口的东西，人人参与搞比赛，能保证食物干净吗？主办方与船方协商后，幸好人家不同意在餐厅做饺子，这场比赛才不了了之。后来我到厨房帮助做饺子，大厨看见我们不戴手套就抓捏食物，头晃得像拨浪鼓式的，也许他不可理喻中国人这样做食物，卫生吗？咋个吃得下去？经理 Cliver 到厨房看到操作台上一大堆人忙乱的架式，私下里说：幸好没有同意我们在餐厅做饺子。原来说是做 200 个饺子，结果和的面做了差不多 500 个。饺子馅剩了一大盆，弄得厨师直问剩下的馅咋办？我们跟厨师说留着厨房做馅饼用，他们似乎勉强接受了这个建议。做完饺子后，很多人就离开了厨房，我发现王陆军先生是一个特别好的人，他和我一起帮助收拾操作台，清洗沾满面粉的菜板和用做擀面杖的调料瓶。直到厨房工作人员说可以了，剩下的事由他们来做。我们才离开厨房。

就在这期间，我听到消息，下午出行的小分队收获大了：抓到了食人鱼、树懒和凯门鳄。于是，我们请上海的 4 位中学生和罗雅丹介绍了他们下午的收获。后来，虞思来用文字回顾这段具有大收获的时光：16：30 我们应当乘小船出发去巡游，可同队的大人们似乎不愿意有丝毫的挪动了，只有我们 5 个孩子和 3 个大人不愿意错过任何一次巡游的机会，加上当地向导 Usiel 和 Segundo 凑成一条船，享受起豪华级服务。久闻食人鱼大名，我总以为它是一条无比巨大的魔兽。来亚马孙河，一睹食人鱼的风姿，是我最渴望的活动之一。我们来的这段时间正值秘鲁亚马孙河的雨季。导游昨天就介绍过，在雨季食人鱼很难钓的。昨天的无功而返让我们对今天的巡游没有抱什么希望。但听到钓鱼两个字，又在我心底勾起一丝念想。为了能钓到食人鱼，我们花了大"本钱"。没听说过用牛肉作鱼饵吧？船行到第一处，我把牛肉挂上鱼钩下竿，一下子就能感觉到竿子一次次的震动，抢食啦！狡猾的食人鱼，疯狂地撕咬着鱼钩上的牛肉。每次提竿都是鱼饵被吃，但鱼没上钩。不多久，我的同伴刘聆溪第一个钓上一条大食人鱼，这该是有多好的运气才能钓上来啊！我们都纷

食人鱼又叫红腹食人鲳（英文名：Red bellied piranha，拉丁名：*Pygocentrus nattereri*），它们与鲳鱼不属同类，只是在长相上有相似点，但从动物进化的角度来看，这类鱼与鲤鱼的关系较近。它的背部有一个小小的特殊结构，是用来储存脂肪的，叫做脂鳍。

纷祝贺，当然有一丝小小的羡慕。我们打趣地说，这肯定是条最笨最馋的食人鱼。原来这臭名昭著的食人鱼并没有强悍的体形，大的也就如同一条大鳊鱼的个头。于是，我想和它搏一搏的念头就更强烈了。我们立马转移到第二个可能有食人鱼的场地。在这里，我们仍是一无所获，咬鱼饵的都是些小鱼，没有一条鱼上钩。只有向导 Segundo 钓到了一条很小的食人鱼。我有些泄气了，可能今天又要无功而返了。向导给我们打气，继续转移阵地，天道酬勤啊！第三处，是在水草周围，一放鱼竿，就有鱼在不停地咬着，但是眼睁睁地看着鱼饵被小鱼一口口地吃掉，没有一条大鱼上钩。有时是提竿的时机把握得不好，让眼看到手的大鱼给逃走了。我不停地把鱼竿拿起、放下、拿起、放下。突然，鱼竿一沉，一条鱼上钩了，终于钓到一条大食人鱼。那是一条挺大的鱼，红色的背脊，银色的肚子，沉甸甸的。第一次体验了钓到食人鱼的感觉，激动、满足、喜悦交织在一起。陶韬的鱼竿也突然一沉，是不是有大鱼上钩？向导了解情况以后，告诉我们这是被水草缠住了，最后鱼钩坏了。紧接着，我和刘聆溪的鱼竿也被水草缠住，但是鱼钩没有损坏。有了无数次失败的经验，加上幸运女神的再次光顾，我和刘聆溪又各自成功地钓起一条大食人鱼。Segundo 也是一条连着一条钓起，这一次钓鱼和昨天的那次截然不同，真是收获满满啊。成功后的快乐充满着整个行程。

同样的垂钓食人鱼过程，刘聆溪也很兴奋：我把鱼钩甩下去后，就静坐在船上，眼睛紧盯着水面，突然间，我似乎感觉鱼竿微微抖动了一下，紧接着，水下的动静就剧烈了起来——果然有鱼上钩了！我斜着身子，使劲儿把鱼竿往上拉，没想到这条鱼的力气大得超出我的预料，一蹦一跃地把水面搅得浪花连连。终于，鱼还是不敌我的力气，被我拎出了水面。这条鱼大约 15 厘米长，身体扁平，通体呈银灰色，并不是食人鱼。

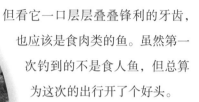

但看它一口层层叠叠锋利的牙齿，也应该是食肉类的鱼。虽然第一次钓到的不是食人鱼，但总算为这次的出行开了个好头。

接下来的几分钟里，没有鱼再上钩了，我们就收拾东西，转移到另外一个地方。然而，这个地方的鱼似乎比较聪明，光吃鱼钩上的牛肉却不咬钩。在牺牲了好几块牛肉却还一无所获后，我们再次转移阵地，开到了一个比较远的地方，开始了第三次钓鱼。这里的小鱼特别多，一块牛肉放下去，一群小鱼蜂拥而上，几下子就把牛肉吃光了，只剩光秃秃的鱼钩漂在水中。就在我们士气低迷的时候，我们的向导 Segundo 突然大叫一声，手一拎，把一条小鱼甩了上来。这条鱼是灰色的，但腹部有一块鲜艳的橘红色，下颚突出，一看就知道咬合力惊人——这可是真正的食人鱼了。这条鱼虽小，只有 10 厘米不到，但看上去却比第一条鱼攻击性大得多。食人鱼其实叫食人鲳，Segundo 钓到的这种鱼学名叫红腹锯鲑脂鲤，是食人鲳家族的一个分支，主要生活在南亚马孙河域，亦称作水虎鱼，是脂鲤科下的一个属。在委内瑞拉，这种鱼被当地人称为"加勒比人"（Caribes），当然，这种鱼主要还是因其锋利的牙齿以及疯狂的食肉欲而为人们所熟知。接下来，钓鱼的活动进入了高潮，不时有人以为是鱼上钩了，猛地一拉鱼竿却发现是勾到了水草。我也不例外，忙活了好半天也没钓到一条鱼。这时 Segundo 就开始大显身手了，每隔几分钟，就能听到他大叫一声"WOW"，然后钓起一条食人鱼，到后来装鱼的桶里鱼满得快蹦出来了，而我们只能羡慕地看着他，时不时帮他拍几张照片。他钓到的最大的一条鱼足足有 20 厘米长，又肥又重，Segundo 拎着这条大食人鱼笑得乐呵呵的，连连喊："Take me a photo！"我久战无功，于是就跑到 Segundo 旁边，学着他钓鱼，嘴里还不住念着"Fish！ Fish！"结果没过多久，我又钓起了第二条食人鱼！这条食人鱼跟 Segundo 的那条体型一样大，他笑呵呵地对我说："It is his brother!"

食人鱼又叫红腹食人鲳（英文名：Red bellied piranha，拉丁名：*Pygocentrus nattereri*），它们与鲳鱼不属同类，只是在长相上有相似点，但从动物进化的角度来看，这类鱼与鲤鱼的关系较近。它的背部有一个小小的特殊结构，是用来储存脂肪的，叫做脂鳍。它们喜欢弱酸性的水，这就是为什么我们要在 pH 值为 4 的黑水里钓鱼的原因。红腹食人鲳的生活可分为群居性和独居性，群居的时常几百条、上千条地聚集在一起，能同时用视觉、嗅觉和对水波震动的灵敏感觉寻觅进攻目标。但是它的视力较差，靠体型区分同类。红腹食人鲳常成群结队出没，每群会有一个领袖，其他的会跟随领袖行动，连攻击的目标也一样。红腹食人鲳有胆量袭击比它自身大几倍甚至几十倍的猎物，而且还有一套行之有效的"围剿战术"。当它们猎食时，红腹食人鲳总是首先咬住猎物的致命部位，如眼睛或尾巴，使其失去逃生的能力，然后成群结队地轮番发起攻击，一个接一个地冲上前去猛咬一口，然后让开，为后面的鱼留下位置，迅速将目标化整为零，其速度之快令人难以置信。红腹食人鲳为什么这么厉害？这是因为它的颈部短，头骨特别是腭骨十分坚硬，上下腭的咬合力大得惊人，可以咬穿牛皮甚至硬邦邦的木板，能把钢制的钓鱼钩一口咬断，其他鱼类当然就不是它的对手了。

　　除了成功地垂钓食人鱼，同学们还有同样令人惊喜的另一项收获。陶韬写道：虽然在与食人鱼的搏斗中我占了下风，不过很快这种郁闷就一扫而光，就在我们钓鱼的旁边，一只树懒baby静静地趴在不高的树枝上休息。开始我们的小船只是靠近了它，我们都拿起相机一阵狂拍，前几天的树懒都是趴在高高的树顶，没想到这次就在我们头顶2米多高的地方。几位向导用当地语商量几句之后，Usiel一马当先，先挥舞着砍刀削掉了拦路的树枝，再一脚踏上了碗口粗的树，用扫帚去捅树懒。而树懒也是真的配得上一个懒字，就算这样也只是微微左右挪动身躯躲避扫帚，终于它的手没抓住树枝而脚下的枝条被砍断，树懒在Segundo的接应下被请了下来。Segundo拿着它，让我们有近距离观察树懒的机会，感觉它憨态可掬，或者说是萌萌哒，两只手一高一低向前伸，脚还紧紧地抓着树枝，感觉都不知道发生了什么，有点发懵。刘聆溪模仿它手臂的动作然后与它合影，小树懒还有点脾气，爪子向前一挥，Segundo为了安全不让我们再碰它。拍完照之后它被放到了最近的树枝上，有人戳了树懒两下，它也只是爬了两下，然后就摆出了一个十分经典的猴子捞月的造型，便保持不动了。我们纷纷挥手和它告别，继续航行。

　　对于这只树懒，刘聆溪还差点与它有一个互动：面对我们这群花花绿绿的陌生人，被从小窝里揪出来的树懒有些不知所措，它缓缓地转动着头来回扫视我们。有一次它似乎被骚扰烦了，使劲儿地挥了一下长长的爪子，把我们吓了一跳。我正想摸摸它时，被Segundo制止了，我仔细一看，才发现原来它的身上爬着许多虫子！吓得我立马缩回了手。随后我们拍照拍过瘾了，就准备把树懒放生，Segundo把它轻轻放在一根树枝上，树懒就慢吞吞地抓住了树枝，但它实在是够懒的，就吊在那里一动不动，我们用手戳它一下，它才动一下，戳一下动一下，它就不紧不慢地爬到

了较高的树枝那边。这时它又开始了它所拿手的卖萌，它先是摆了个"贵妃醉酒"的姿势，后来见我们一脸陶醉地望着它大喊："好萌！"，它又动了动，用一只爪子遮住脸，做出一副不忍直视的表情，把大家逗得哈哈大笑。

随后，我就带领孩子们到三楼的会议室去表演节目。导演曾武指挥副导演王志恒，最小的团员之一、只有9岁多的冯乐程主持，第一个节目是男生唱歌儿；随后是两个女生的魔术表演；最后，我给大家模仿法属圭亚那吼猴的叫声。杨呈杰记录了这一段：坐在前头的是我们的曾武导演和王志恒副导，等大家都坐稳妥后，害羞的主持人上了台面，他就是我们的乐乐小朋友。由于他的过于害羞，我们不得不派罗雅丹上去辅助他。当主持人宣布第一个节目：周杰伦的"菊花台"开始时，我们发现二人组的封楚君不见了。经过几番波折，终于把他找了回来，然后正式开始了我们的"春晚"。第一个节目是唱歌，和着他们手机里的配乐，我们欣赏完封楚君和陶韬的"菊花台"。他们的走音并不严重，唱得也不错，可以说令人赏心悦目。结束后，主持人和雅丹再次出现在了我们的视野里。他看似非常无奈地配着雅丹的问题，说出了第二个节目：魔术表演，由刘聆溪和虞思来进行表演。这个节目似乎令人叹为观止。他们连续变了4个魔术，其中纸牌与纸杯的魔术令人忍不住想要知道其中的奥妙。主持人又出现了：下一个节目，副导的歌。副导的歌看似非常平静地完成了。虽然他的歌毫无技巧可言，但这份心意，还是非常令人钦佩的。接下来就是我的歌唱表演。上台歌唱时，我显得稍许紧张，音又降了八调左右，也许唱得不是很好，但我有了一次经验，下次一定能做得更好！坐在旁边静静观看着这场"春晚"的张教授也上了台，为我们讲述了教授在第一次考察中把猴子的叫声当成豹子，吓得缩到二楼的情景。张教授将猴子的叫声学得惟妙惟肖，引得我们拍手叫好。两位女士也上台演唱了《茉莉花》和《让我们荡起双桨》，那明亮高音引得大家不由得肃然起敬：这里有两位演唱高手啊！

接下来吃饭，我表达了两个感谢：感谢12个人为我们包的饺子，感谢以小朋友为代表的团队表演的节目。随后，黄总又请小朋友们表演了魔术，再次介绍了晚上的收获，向船方表示感谢。晚上10点大家陆续回房间休息。

这是我第一次参加皮划艇运动，兴奋地整装待发。探险领队简单介绍了皮划艇桨的使用操作方法和划船路线，两人一组开始上艇操作。已经上艇的团友们，沿着领队指示的路线，缓慢划艇离开。甘霖莉和我分为一组，我坐在皮划艇前面的位置，霖莉坐在后面。就这样，我们两个刚刚熟悉的人开始了"亲密配合"的皮划艇之旅。上艇之后，我手中握桨，学着电视中划艇比赛的架势，开始左边一下、右边一下地划桨，心中想着小艇会轻盈地前行。不料，小艇并没有按着目标的线路前进，没有前后划艇人的协调配合，它不停地在大船周围兜圈子，一会儿划到大船前面的水草中，一会儿调转方向划到旁边的树丛中，一会儿又划到大船的后面。

第 8 天

Day 8

玩皮划艇，
拜访神医

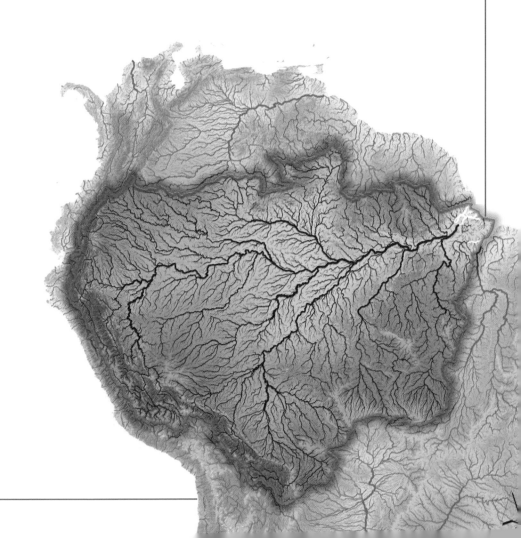

　　早晨5点钟起床，整理日记。6：30出发，为了照顾到不同冲锋艇上的团员，我和黄夏先生调换了一下冲锋艇。

　　刚一出来，就见到一只黑领鹰（英文名：Black-collared hawk，拉丁名：*Busarellus nigricollis*），它们是专门吃鱼的猛禽。随后见到了一群绒猴（Tamarin），但距离有点远，不容易拍摄到，我们也没有逗留。

　　紧接着，见到4只夜猴（*Aotus trivirgatus*），在一棵高高的树洞中，正探出小脑袋向下看我们呢。夜猴是世界上唯一昼伏夜出的高等灵长目动物，身体只有松鼠那么大，四肢细长。夜猴独特的标志是面部长着圆

溜溜的大眼睛，大得出奇；眼珠凸出，眼
球表面蒙着一层透明的角膜，好像大
玻璃球似的。它的眼睛集光能力强，
在近乎漆黑的环境里，照样能捕捉
到正在飞行的昆虫。

　　拍摄完夜猴，继续前行，我
们见到一棵漂亮的亚马孙玉兰。
开着硕大的花，同行的甘老师想
取下来一朵。我问领队是否可以，
Segundo 说没问题，于是一朵漂亮的花很
快便到了我们的冲锋艇上。

　　8 点多回到大船上吃早餐，10 点钟开始玩皮划艇。皮划艇是两个人
一起划，最重要的就是配合好。王姝第一次玩皮划艇，起初就不太顺利，
她这样记录道：这是我第一次参加皮划艇运动，兴奋地整装待发。探险领
队简单介绍了皮划艇桨的使用操作方法和划船路线，两人一组开始上艇
操作。已经上艇的团友们，沿着领队指示的路线，缓慢划艇离开。甘霖莉
和我分为一组，我坐在皮划艇前面的位置，霖莉坐在后面。就这样，我
们两个刚刚熟悉的人开始了"亲密配合"的皮划艇之旅。上艇之后，我
手中握桨，学着电视中划艇比赛的架势，开始左边一下、右边一下地划
桨，心中想着小艇会轻盈地前行。不料，小艇并没有按着目标的线路前
进，没有前后划艇人的协调配合，它不停地在大船周围兜圈子，一会儿
划到大船前面的水草中，一会儿调转方向划到旁边的树丛中，一会儿又
划到大船的后面。经过这样一番左冲右撞的折腾，其他的小艇都已划远，

我们却还没有划离大船的周围。因为兴奋、紧张、大笑，身上力气已经用半，小艇卡被在树丛中，喘口气再接再厉。领队看到我们的状况，示意我们回到大船重新组队。我心中默想这也太笨了，为什么其他团友都能比较顺畅地划艇，而我们却像只无头苍蝇似的乱撞。这时，领队的皮划艇划到我们旁边，告诉我和霖莉要有配合，两个人划桨的方向和节奏要一致。这番点拨如醍醐灌顶，霖莉和我像两个小孩子一样开始喊口号配合："左、右、左、右……"；就这样，我们的小艇开始像模像样地向前驶去。有了好的配合节奏，小艇开始"变乖"，逆流而上，让我们体会到

划艇的乐趣。河水静静地流淌，小艇轻轻地划过，雨林中的鸟叫声那样的清晰悦耳，这与前几天坐在快艇和大船上的感觉不一样。好像你也是亚马孙热带雨林中的一部分，被融入其中，享受大自然的赠予。在返程途中，想起了学生时代久违的歌曲《让我们荡起双桨》，我们与其他划艇的团友轻声地唱起来了："让我们荡起双桨，小船儿推开波浪……"，好不惬意、痛快。就这样，我们的"乖乖"小艇也顺利返航。不过，顺境时不能太得意，在快回到大船时，因忙于给队友拍照，忘记掌握方向，又一次冲进树丛中，在欢笑声中，完美地结束了我们皮划艇的处女航行。

罗雅丹跟领队 Usiel 在同一条皮划艇上，她这样纪录了这个过程：第一次玩皮划艇，难免有些紧张，很庆幸的是成功邀请到领队 Usiel 成为我的舵手，我们在众团员羡慕的目光中第四组登艇。登艇后，我刚拿起船桨试图摆弄摆弄就被 Usiel 非常绅士地制止，并告诉我："Don't move, just enjoy it!"我疑惑地问道："Why? We are partners, I should pay for your sharing!"此时 Usiel 却给了我一个意外而浪漫的回答："You are the princess！"真是沉醉了，从小被当成男孩儿养的我，居然在亚马孙河上当了一回公主，那我暂且好好享受这段美妙的时光吧！因为是 Usiel 划艇，我们的小艇前进得很快，不一会儿就赶超了先前出发的陶韬和楚君；罗伟父子以及呈杰和志恒。Usiel 说他需要保证大家的安全，所以我们的船必须赶超保持在第一位才能照顾到后面的成员。在追赶前三组团员的过程中，我当然是扬扬得意地接受着他们包含各种羡慕嫉妒恨的目光，最后志恒的一句："雅丹姐，你作弊！"瞬间结束了我的享受时光。是的，皮划艇体验是需要主动参与和分担的，孩子们都这么优秀，我又岂能落后呢？更何况是万里迢迢来到亚马孙，不亲自体验一下实在是无法跟自己交差呀！沿途中 Usiel 一直尽职尽责地为大家讲解着看到的蝙蝠、气生

根、蜥蜴、闪蝶等，与以往在冲锋艇上观看不同的是，这次我们能更近距离地接触到这些栖息在亚马孙河上的神奇动植物。欢乐的时光总是短暂的，在返程的划行中，我与王姝、霖莉两位姐姐一同高歌了《让我们荡起双桨》，就让这来自中国的百灵之声回荡在亚马孙河的上空吧！

就在我们上下船的地方，有一棵印加属植物（Inga）。我拍了照片，还采了果子给大家品尝。我在品尝之前就告诉大家，印加豆的果肉都很甜，猴子特别愿意吃。每个人品尝之后都点头赞同。印加豆属植物有 200 多种，秘鲁等拉丁美洲国家是其原产地。该属植物多为乔木和灌木，特征为羽状复叶，白色头状花序，豆荚具四棱。印加豆在秘鲁市场常有兜售，幼嫩豆荚是人们喜爱的食物，也是牛羊喜欢的饲料。

下午 3 点是 Freddy 的报告，内容是关于秘鲁的介绍，随后是 Usiel 介绍我们过去几天的行程，告诉我们哪一天到达的是哪里。过去的几天，我们从伊基托斯出发到达的最远处有大约 530 千米，此刻已经从上游返回，到了亚马孙河的起点之处。

下午 4 点，去拜访萨满 Charmen，我们姑且称之为神医吧。神医对于亚马孙河流域的居民来说，是一个高贵、不可或缺的职业。他们是附近村庄里唯一可以治疗疾病、与神沟通、祈求幸福的人。神医不是仅仅靠学习或者勤奋就可以担任的，而是上一个神医要感觉此人有灵性，他们从刚出生就已经被上一代神医选中了，在被选中之后还要进行后天的筛选，一般 5 个人中只有 2 个人能够胜任，三四个村落中才有一个神医。

我们所要造访的村庄就在我们停船的不远处，今年的水位比较高。村子里大树上，挂满了拟椋鸟的巢。我们的冲锋艇直接开到一个楼阁的楼梯处，我们见到了神医。Segundo 主持仪式，神医和他坐的板凳前面有一张桌子，上面摆了 4 个塑料瓶，里面有一些不同颜色的液体，Segundo 介绍说这些液体是从植物中提取出的酒，喝了会有飘飘欲仙的感觉。每次给人看病，神医就喝一点酒，跟植物神灵沟通。随后，神医开始给我们做法术，先是用手里的小笤帚给我们轮流扫了一遍，同时口里念念有词。随后，他抽了一口烟，喷在我们脑袋上一口，手上一口，然后我们把手向上拢起扣到脑袋上，便得到森林的保佑。

造访结束后，村子里的人马上过来摆摊卖东西，王喆买了一个金刚鹦鹉的盘子。疯狂购物结束之后，我们大家跟神医一起合影留念，随后回到船上。我请团员们回到船上，站在船头，船停靠在岸边，阳光也刚好。Freddy 在冲锋艇上给我们拍照，留下了难忘的瞬间。

晚上 6∶30，是 Happy hour，大家熟悉了，也就放开了，有好几位团员跟船上的工作人员一起跳起舞来。

林子里又湿又热，汗不停地往下流。观看了长气根的植物，气根没有接触到地面时，是光滑的根，当入土后，根上就长出密密麻麻的小刺。我觉得热带雨林里许多植物都长刺，许多动植物都有毒。也许是生存竞争所演化出来的防御手段。导游抓到了一只箭毒蛙，我第一次见到这个美丽而有带有毒液的动物，竟然只有拇指甲盖那么大小。后来又在途中抓到了毒蜘蛛，它的体型有拳头大，比我们常见的蜘蛛大了好多倍。

第 9 天

Day 9

逛农贸市场，
丛林徒步

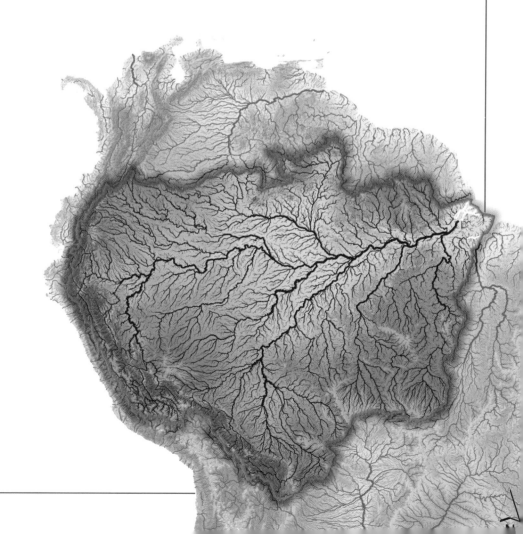

　　早晨 6 : 30，我们去了一个名字叫 Nauta 的小镇逛菜市场。菜市场有各种野果子，我让 Segundo 买了一些 Sapota 的水果，里面是黄颜色的，味道有点像芒果，还有一种野生的 Inga。各种鱼，有的个头很大，走到菜市场的里面，我想买一条鳄鱼，但人家不卖。我看到一个特别漂亮的小女孩，依偎在奶奶的怀抱里。白皙的皮肤，天生丽质；大大的眼睛，好奇地望着我。我一下子被她吸引住了，直接让 Segundo 问她的奶奶：我是否可以带她回中国。领队翻译完之后，奶奶咧着嘴笑得合不拢。

随后，Segundo 说带我们去一个
水塘看些有趣的东西。走了大约 10
分钟，我们在水塘里看到金龙鱼、
鳄鱼、龟和硬骨舌鱼。Segundo 介
绍说，这些都是被截获的野生动
物。我想单独介绍的是巨骨舌鱼
（*Arapaima gigas*），这是巨骨舌鱼
属下唯一的一个物种，主要分布在
南美洲的亚马孙河里，是活化石。成熟
的巨骨舌鱼长度可超过 2.5 米，重达 100 千
克，是世界上最大的淡水鱼之一。巨骨舌鱼生活
在南美洲的淡水河里，主要以小鱼为食，偶尔也捕食蛇、
龟、青蛙和昆虫，甚至也会捕食小鳄鱼。由于天气酷热，流速缓慢的河
水含氧量降低，巨骨舌鱼需要不时地浮出水面吞咽空气来呼吸。在旱季，
它也能靠在泥沙里钻洞来自保。

这里还有一个小插曲：在萨满那里卖东西的一对儿夫妻，竟然跟随我
们到了这里卖东西。他们是怎么来的？这令我们惊诧不已！

9 点，我们出发到丛林里徒步，这可能是很多团员都期盼的活动。陶
韬这样描写道：前几天一直都是乘着小船在丛林中行进，终于有机会脚踏
实地进入雨林了。想想是很兴奋的，感觉自己化身成了贝爷，去未知的
世界探险。我们都穿上了绑腿，据说是为了防蛇，我也不清楚是否真的
有用。真正进入了亚马孙丛林，路有点泥泞，大概是晚上下过雨的原因。
我们分成了美洲豹队和树懒队，走两条不同的道路。一进入林子，第一

感觉就是黑。确实，与外边明媚的太阳相比，雨林就有点昏暗了。各种树木长得笔直粗壮，遮住了阳光。里面的植物很有特点，有一年能移动几十厘米的行走树，有的树浑身长满尖刺，还有体型庞大、有许多板根的大榕树，这一定是亚马孙生物多样性的体现，与我们这边单调的树种频繁出现有着巨大的反差。行走的过程中气候闷热，汗不停地从脸上淌下，还有蚊子部队在旁边持续轰炸，我们都走得十分艰难。Usiel 给我们看了一种白蚁，他用手碾碎了一些白蚁让我们闻，竟有一股清香味，当地人点燃它的巢来防止蚊子叮咬。当地的向导也给了我们很多惊喜，他抓来了许多特别的动物，像 1 米多长但仍是幼年的森蚺，被抓了还张开大嘴向我们示威；有比普通蚂蚁大几倍的行军蚁；还有有名的毒物，浑身布满着绒毛的捕鸟蛛和色彩艳丽的箭毒蛙。看到这些我们都很高兴，这都是以前只在电视上见过的动植物，我们能亲眼目睹确实是极大的幸运。丛林徒步让我们亲身体验了一下亚马孙丛林之美。

赵小苓女士也描述了这一段经历：林子里又湿又热，汗不停地往下流。观看了长气根的植物，气根没有接触到地面时，是光滑的根，当入土后，根上就长出密密麻麻的小刺。我觉得热带雨林里许多植物都长刺，许多动植物都有毒。这也许是生存竞争所演化出来的防御手段。导游抓到了一只箭毒蛙，我第一次见到这个美丽而有带有毒液的动物，竟然只有拇指甲盖那么大。后来又在途中抓到了毒蜘蛛，它的体型有拳头大小，比我们常见的蜘蛛大了好多倍。接下来又抓到了一条森蚺小 Baby，2 米长的大森蚺可以吃掉凯门鳄，而它的 Baby 却如此之小。我终于明白了，为什么它和凯门鳄互为天敌了：凯门鳄吃小森蚺，长大的森蚺吃凯门鳄。这对仇敌是永远都会结怨不解地斗下去的。弱肉强食的生存法则就是如此的残酷。我原以为徒步一个半小时要走很长的路。而这样走走停停速度不快，转一圈走出丛林，轻松地完成了丛林徒步。

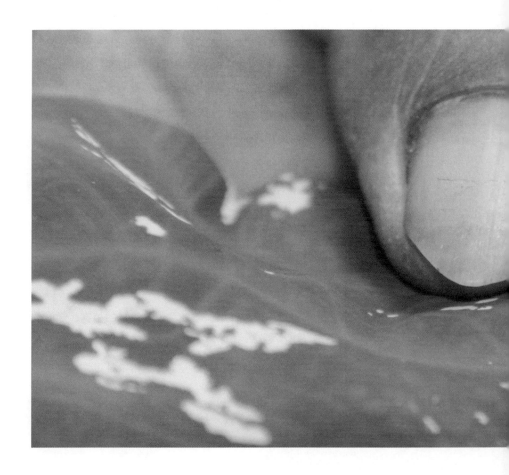

12:30，午饭，饭后我在房间里休息，一直到4点钟。有部分队员又去玩儿了皮划艇，王姝这样记述道：在船上的最后一个下午，再次安排了皮划艇活动，大家可以选择性参加。因为第一次划得不太熟练，且意犹未尽，我还想再次体验亚马孙河上一叶扁舟的欢乐。这次参加的队友比较少，可以一个人划一只艇。我一个人驾上小艇，起桨划行。与第一次两个人划艇的感觉完全不一样，单人划艇，无须两人配合，自己掌握要领，用桨轻轻一拨水面，小艇便缓缓前行。这次划艇的水面要比之前的开阔，阳光照耀在河面上，波光粼粼，不远处三五结伴的绿色小鸟，在河面低

空飞行觅食，有时如蜻蜓点水，有时向高空飞去。忽然，船头不远处有粉色河豚跃出水面，这样近地看到它，太可爱了。等了一会儿，斜前方又有粉色河豚跳跃，附近水域好像不止一只。有的队友举好相机，等候拍摄，可它偏偏不再跃出，好像在和你捉迷藏，一回头，在身后不远处跃出一只更大的河豚。我抢拍到几张，也算有所收获。夕阳西下，小艇都掉头返程。那么静，那么美，言语是多余的，每个人都在静心品味此时此刻的亚马孙河之美。

　　傍晚，Freddy 约我把船上的小费结清，于是我们一起来到餐厅。他一开口就说每个人需支付船上的服务费 120 美元、两个领队各 40 美元，他本人 80 美元。我跟他讲，第一，今年的亚马孙科考与摄影之旅，我没有赢利；第二，去年每个人只支付 240 多美元。他去电脑系统核实了一下，我说的去年的小费数额真实准确，便改为他本人的小费为 40 美元。于是，我们每个团员的小费改为 240 美元。实话实说，这艘科考船的服务的确是国际一流的，但收费也不是二流的。

Happy hour 之后，7∶30 晚餐。晚餐之后，是道别仪式。他们这边是 Cliver 总结，随后是 Freddy 代表美国公司，然后我代表中方团队感谢船方给我们的各种优质服务，也感谢我们自己的团员出色的表现。

刚刚下船登上岸边，我们就发现过道上蹲着一只猴子！我们一个个沿着过道从它身边小心翼翼地走过，它还抬头好奇地打量了我们几眼。走过了过道，一片平坦的草地呈现在眼前，草地上生长着几棵树，许多猴子在树丛间嬉戏跳跃。我们走进一棵较为矮小的树，有只猴子闲适地蹲在树枝上，它一点儿都不怕人，见到我们围着它好奇地打量，居然纵身一跃跳到了我的身上！

第 10 天

Day 10

两个猴岛，
两个印第安部落

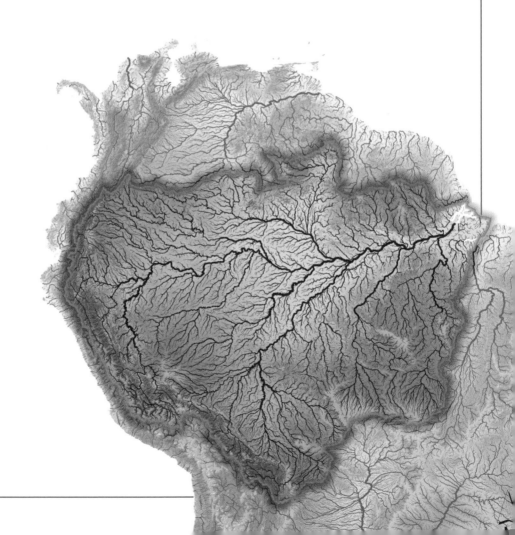

一大早，我们便开始收拾行李，行李箱放在走廊过道，由工作人员搬运上岸。

7：30 到 8：30 是早餐时间，随后我们便与船上的工作人员道别，登上两条船去猴岛。在这里，我又见到 IE 在秘鲁的女老板，告诉她我去年答应她出的书已经出版，另外他们团队的服务是国际顶尖的，她开心地举起双手说：YEAH。

半个小时后，我们抵达了一个动物保育中心。刘聆溪这样写道：刚刚下船登上岸边，我们就发现过道上蹲着一只猴子！我们一个个沿着过道从它身边小心翼翼地走过，它还抬头好奇地打量了我们几眼。走过了过道，一片平坦的草地呈现在眼前，草地上生长着几棵树，许多猴子在树丛间嬉戏跳跃。我们走近一棵较为矮小的树，有只猴子闲适地蹲在树枝上，它一点儿都不怕人，见到我们围着它好奇地打量，居然纵身一跃跳到了我的身上！我被吓了一跳，但尽量不做大动作以免吓到它。它见我没什么反应，就越发大胆地在我身上爬上爬下，一会儿蹲在我的肩膀上，一会儿用尾巴勾住我的脖子倒挂着荡来荡去，还好奇地抓着我的单反摄像机左看右看，这里挠挠那里抓抓。突然间有一只动物在身上动来动去，我感觉又新奇又有点害怕，想把它弄下去，无奈动作完全没有猴子灵活，等它玩够了觉得没意思了，它的腿在我身上一蹬，又回到树上去了。这种猴子全身的毛是金黄色的，体型较小，只有人类的婴儿那么大，黑黑的眼睛，小小的爪子。这种猴子叫做松鼠猴，是卷尾猴科中体型最小的成员，也是南美洲最常见的猴子之一。松鼠猴社会性强，常结成大的猴群，甚至多达 500 只，非常喧闹。它们的尾巴长但无缠绕能力，食性杂，以果子为主，昆虫也占一定比例。

除了松鼠猴等灵长类动物，这里还有五彩斑斓的金刚鹦鹉和呆萌懒惰的树懒。最有趣的故事莫过于一只卷尾猴和一只树懒之间的恩仇了。就在我们一大群人围观一只挂在树枝上的树懒之时，一只黑黑的猴子跳了过来，这只猴子也属于卷尾猴，但与松鼠猴的外形大相径庭。它的毛

是黑色的，体型比松鼠猴子要大得多，大约有人类的 6 岁小孩那么大，尾巴又长又粗，经常有力地卷在树枝上。它似乎是嫉妒树懒太过受欢迎，于是不甘冷落地前来捣乱。它先是一把抓住树懒正在啃的树枝，一用力，就趁树懒还在发呆时抢了过来，扔到地上。然后又跳到树懒身后，对着它的后爪又挠又咬，憨憨的树懒慢吞吞地挪动身体试图躲开，无奈实在是太迟缓，只好被猴子一点点地弄下树来。当猴子把树懒挂在树上的最后一只爪子掰开时，树懒"扑通"一下掉到了地上，虽然离地只有 1 米多的距离，但看起来树懒摔得还是挺痛的。猴子顿时大功告成一般跳回了树枝上耀武扬威地蹲着，而树懒可就惨了。被弄到地上的树懒只好身体贴着地面慢慢爬行，先抬起左脚，往前迈一步，再举起右爪，往前爬一下，放下右爪，然后又举起右脚，如此反复。教授看它可怜，就好心地把它拎起来，放回树上去了。这下猴子可气坏了，一下跳到教授背上，然后十分放肆地拉了一坨排泄物！虽然很快就被抖干净了，但目睹了猴子行为的人心里都有了阴影，等猴子再次不辞辛苦地把树懒赶下树后，就没有人再把树懒放回去了。树懒只好自己努力，费了九牛二虎之力，转移到了另一棵树上，又安逸地找个树权挂起来了——真是憨憨的傻得可爱的树懒啊。

另一件刺激的事就是我抱着一条好几米长几十厘米粗的大蛇拍了好多照片。这条大蛇叫森蚺，满身布满滑而细腻的鳞片和黑黄相间的花纹，摸上去冰凉冰凉的。亚马孙森蚺是当今世界上最大的蛇，体长可达 10 米以上，重达 225 千克以上，栖息于南美洲，是蚺科中最大的成员。森蚺性喜水，通常栖息在泥岸或者浅水中，捕食水鸟、龟、水豚、貘等小动物，但有时也会吞吃长达 2 米的凯门鳄。森蚺会把凯门鳄紧紧缠绕，直到它窒息死亡，然后整条吞下去，以后可以好几周不用进食。当工作人员问我要不要让它缠在我的肩膀上时，我毫不犹豫地答应了。冰凉的气息环绕在我的颈窝，真觉得有点毛骨悚然。可惜的是，这条大蛇不一会儿就开始各种挣扎和各种的不配合，最后只好抱着它拍了几张照片。

随后，我们去印第安部落，抵达之后，我感觉环境很棒，掉头回去取旗帜，刚回来，还没开始拍照，当地的导游又让我们动身去另外一个地方，我没理解，但相信他们，也问了我们的导游 Freddy。到了第二个地方之后，我搞清楚了：因为第一个村庄里的居民大都去参加当地的嘉年华了。

当地的印第安人在他们原始的房子里为我们跳舞，还邀请我们的人一起跳。随后是在空地上用管吹箭，我们的团员都跃跃欲试。我也试了一下，竟然两发都中了，说明他们的武器尽管简单，但还是很好用。节目之后，我们开始合影，大家也开始陆续购买他们的手工艺品。我给了王姝 100 索尔，让她全花掉，就算赞助这些善良的土著印第安人了。

虞思来是这样介绍两个印第安部落的：我们走过一条崎岖小径到达了第一个印第安土著部落。刚踏入他们的"领地"，一群小孩就整齐地站立在一旁欢迎我们。他们都光着上身，腰间围着草裙，这与我想象中的土著居民大致相同。其中有两个小女孩最吸引我。一个女孩大约八九岁，

黝黑健康的肤色，大大的眼睛长发飘飘，手里抱着一只毛茸茸的树懒。那树懒乖乖地窝在女孩怀里，瞪着机灵的眼睛看着我。另一个女孩只有五六岁，是整个部落里我所见到的年龄最小的孩子。一只漂亮的，黄绿相间的鹦鹉悠然地停在她的手上，十分乖巧。这两个女孩仿佛是丛林里的公主，动物和她们如真正的朋友，相偎相依地生活着。跟孩子们打过招呼后，我们见到了部落首领。首领也没什么特别的华服，与部落居民相似，只是头上多了一顶草编帽，斜挎了一个布包，胸口挂了一束竹签。首领手里拿着一根长长的棍子，比他人还高出一大截，显得十分威武、神气。接着我们进入了一个巨大的茅草房。这由茅草堆积，几根长木支撑的房子足足有四五米高，房屋呈圆锥形，没有窗，只有一扇一人高的门。向导告诉我们，这是当地举行盛大仪式的场所。

不巧的是，我们被告知当地居民都外出参加一个盛大节日，无法为我们表演舞蹈。于是我们就转移阵地，到达另一个较小的村庄。这里举行仪式的场所与我们在前一个部落看到的类似。我们围坐一圈，土著居民从首领开始一个个地依次进入表演厅。首领拿着一根长长的棍子，带领着族人绕着圈，喊着慷慨激昂的调子，激情澎湃地跳着舞。一舞完成后，居民们又邀请我们加入，一起载歌载舞。一个小男孩拉着我的手，带着我蹦蹦跳跳，不时地露出笑脸，那是一种纯真的快乐。

跳完舞，我们来到室外，观看他们表演吹箭。一根 2 米长的黑色铁棒，一头粗，一头细，中间挖空，放入竹签来吹。我这才恍然大悟，他们手里的那根铁棒原来就是吹箭，首领胸口挂的竹签就是箭。每一根竹

签外包上一层薄薄的棉花，增大了摩擦力，这样能防止吹的时候竹签顺着铁棒中间的孔掉落。4个当地人拿着吹箭，装入竹签，瞄准挂在5米外柱子上的面具，发射，同时射中。看上去并不难啊，我们大家都跃跃欲试。我拿起吹箭，掂一掂，有些分量。瞄准，发射，第一支箭射歪了，打到了前面的草地上。与我一同吹的大人们也都吹歪了，完全脱靶。这时我才发现它的难度。继续吹第二发，有了上一次的经验，我略微掌握了一些技巧，瞄准时要偏上一点，吹时掌握力度，第二根竹签，打中了面具的脸颊，我高兴得大叫起来。吹箭是热带雨林的美洲原住民最常用

的狩猎工具，其原理是利用气体的瞬间压力增大竹箭的出膛速度，类似于现代火炮的设计。这就令我产生疑问，古代各地居民的狩猎好像最常用的都是长矛和弓箭，为什么南美的原住民却使用更加复杂的吹箭呢？难道吹气的力量比手部的力量还要大吗？况且，吹箭的射程没有弓箭远。这个问题令我百思不得其解，回来以后要向老师好好请教呢。

参观完两个印第安部落之后，我们再动身去另一个猴岛吃午饭。这个岛上最多的是绒毛蜘蛛猴（*Brachyteles arachnoides*），还有红色的猴子赤秃猴（Red Uakari, *Cacajao rubicundus*）。这种猴子拥有令人震惊的红脑袋，它有个有趣的绰号叫"英国猴"。这是为了纪念第一批前往它们的国土，被太阳晒得满脸通红的英国人。秃猴为卷尾猴科的一个属，共有 3

个种，体长 35～50 厘米，尾长 15～20 厘米。面部赤裸，兴奋时发红，毛长而粗。秃猴是很稀有的动物，分布仅限于亚马孙河流域的一些森林地区。它们以小群活动，常栖息于高枝。四脚行走，以果实和植物的其他部分为食。

　　动物，尤其是猴子，是很多年轻人宠爱的动物。刘聆溪这样写道：猴岛是个专门保护和饲养猴子的地方。这里的人们收留野生的受了伤或落单的猴子，等它们有了独自生存的能力再把它们放回大自然。在这里，人与猴子之间构建了一种平等的朋友关系，故而这里的猴子不但不怕人，还喜欢亲近人。吃过午饭，大部分人在屋子里听讲座，而我受不了室内闷热的环境，就拿上一包零食跑到外面喂猴子。刚一出门就看到一只猴子蹲在栏杆上，我走过去，递了一片玉米片给它。猴子对我手里黄黄的玉米片十分感兴趣，自然而然地接过去就往嘴里塞，它吞下一片后咂咂嘴，感觉味道还不错，于是还伸手向我要，看着像要糖果的小孩一样的猴子我感觉有趣极了，就再给了它一片。这回它三下两下就吃完了然后又揪住我的衣服望着我，我干脆就一次塞给它一把玉米片，然后转身就走。猴子吃完了玉米片，一抬头发现我走开了，连忙追过来，双脚着地站起来，拉住我的衣服眼巴巴地盯着我手里的玉米片，但它盯了一会儿，发现卖萌没用后，就立刻本性暴露爬到我身上要抢吃的。土匪！我连忙把手举得高高的，但还是几个回合就被它抢走了零食。抢到零食的猴子立马跳到树上，研究起要怎么吃了。但还没等它吃到玉米片，另一只猴子就发现它在偷偷独吞好货，呱呱大叫着从树枝间飞快地荡了过来。抓着零食的猴子一见势头不好，连忙抱着玉米片就跑。于是，两只猴子就在树丛间拉开了一场攻防战，你追我赶，你来我往，你进我退，声东击西见招拆招。这样的大动静早已惊动了周围一干猴子，陆陆续续又有三四只猴子加入了混战，我看得眼都花了，最终揣主终是没守住零食，在混乱中，玉米片"啪嗒"一下掉在了地上，散了一地。猴子们立刻蜂拥而上，不一会儿就只剩一地的碎屑，抢到的猴子心满意足地打道回府，没抢到的猴子只好互相干瞪眼了。

半小时后吃盒饭，我们一边吃饭主人一边讲解：这个猴岛有 17 年的历史了，猴子是其父母死亡被送到这里的，长大后有的回到森林里，两年前发大水的时候都淹没了。我询问一个问题：去年来了多少游客，猴岛的主人不愿意吐露。随后罗予豪和王志恒捐了款，王姝也花 10 美元买了3 支笔。我随后跟团里的成员开玩笑，说这里的土地只有几百美元一公顷，看谁想投资。

刘春玉女士对猴岛的主人颇有敬意，她这样记录道：这个猴岛是一个私人经营和管理的灵长类动物保护和救助中心，散养和圈养着从热带雨林中获救的 20 多种猴子，顾得名"猴岛"。原以为猴岛救助站是秘鲁当地人开办的，可令我感到意外的是，接待我们的管理者是一位欧洲人相貌的中年男士。在整洁的、用木头搭建的接待室里，这位男士向我们介绍了自己和猴岛的概况。通过黄夏先生的翻译，我了解到原来这位管理者是来自德国的热爱野生动物的保护者，在这里他和几名志愿者对野生猴子的伤病进行治疗，养好病后放归大自然。当他讲到他和家人在这里救助野生灵长类已经有十多年、他的父亲很早就开始做这项事业时，我感到震撼和敬佩。正是因为世界上有这些野生动物保护者的奉献，才使得许多珍稀和日益减少的野生动物在一定程度上得到了救护。后来我们了解到，猴岛主要靠当地政府和游客的资助，志愿者们也通过耕种和售卖一些纪念品来维持对野生动物的医疗和饲养。临离开猴岛时，成员中有人捐了款，或是购买了纪念品，以表示支持他们的工作。

参观结束后，我们乘船回到 IE 的公司，乘坐大巴在市里观光，正好是为期一周的嘉年华。这里的嘉年华跟巴西的不一样，是把各种塑料盆子塑料桶挂在树上，花花绿绿的。我们没有下车，也无法参与其中，只能走马观花地看看。

随后，我们抵达机场，乘坐 5 点多的飞机回利马。曹导游接机，就在机场的宾馆入住。入住后再带大家返回机场吃东西，我给每两个人 100 索尔，让大家随便买些自己喜好的食品，他们买完食品后竟然都把剩余的零钱返还给我了，多么好的团队成员。

库斯科是秘鲁南部安第斯山地城市，库斯科省首府。海拔 3400 多米，气候凉爽。人口 20 多万，大部分为印第安人。这里是美洲最古老的城市之一，是印加帝国都城，也是著名的考古中心和印加文化中心，有很多古宫、庙宇、堡垒、石墙遗迹及教堂，还有考古博物馆和 1692 年建的大学。这座城市历史上曾遭西班牙殖民者洗劫，又屡遭地震破坏，旅游业比较发达。

第 11 天

Day 11

秘鲁古城
库斯科

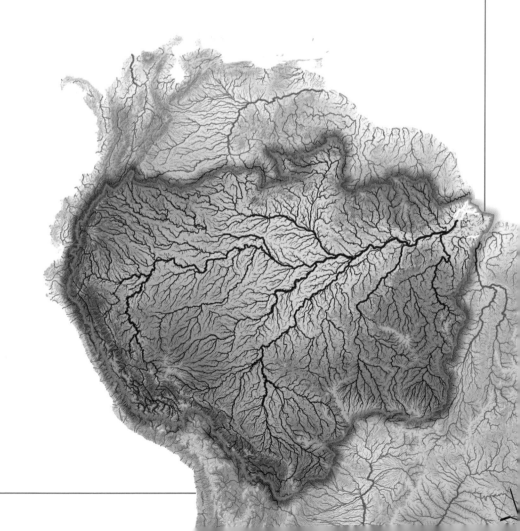

回到利马的第二天，早上 8 : 45 出发去库斯科，行李就寄存在利马机场的酒店里。

中午抵达库斯科，当地的一个秘鲁导游与我们会合。库斯科是秘鲁南部安第斯山地城市，库斯科省首府。海拔 3400 多米，气候凉爽。人口有 20 多万，大部分为印第安人。这里是美洲最古老的城市之一，是印加帝国都城，也是著名的考古中心和印加文化中心，有很多古宫、庙宇、堡垒、石墙遗迹及教堂，还有考古博物馆和 1692 年建的大学。这座城市历史上曾遭西班牙殖民者洗劫，又屡遭地震破坏，旅游业比较发达。此刻，恰好赶上当地的泼水节。

当地向导带我们去参观传统手工艺——羊毛染色。封楚君这样记录道：一到库斯科，我们就驱车前往"chinchero"（钦切罗），被译为"彩虹之地"。那里是秘鲁人手工将羊驼毛染成彩色并制成手工艺品的地方。车停在了钦切罗的门口，我们随导游走进大门，里面是个院子，院子里立着几个棚子，里面放着染色用的工具。当地的人把我们引到一个棚子里坐下，随后有人端来了可卡茶，这种茶呈黄色，据说对人体有好处。"端茶送水"结束后，就有人开始向我们演示他们是如何将一团团羊驼毛染成色彩鲜艳的毛线的。只见一位身穿当地民族服装的妇女一手拿着一个类似于皂角的植物，一手拿着一个好像我们擦土豆丝的金属板放进一个盛着水的盆子里，将皂角样的植物在金属板上来回摩擦了几下，水就像打了肥皂一样，泛起了白色的泡沫，变成了"肥皂水"。然后将一团像鸟窝一样的东西盖在另一个盆子上，再把"肥皂水"从上面倒下，水流干净之后在"鸟窝"上出现了被它过滤掉的杂物，原来，这个鸟窝样的东西是个简易的过滤器啊。那位妇女取下"鸟窝"放在一边，随手扯下一团羊驼毛，将它放进过滤好的"肥皂水"里用手反复搓洗，过程和洗衣服差不多，直到羊驼毛被洗成了白色。她又拿起羊毛放进一旁的清水中清洗干净。我发现这种类似于皂角的植物清洁能力还是很强的，那人才揉几下羊驼毛就被洗得干干净净。洗干净了羊驼毛，就该染色了。在一旁的桌子上放着各种各样可以将羊毛染色的植物，那位当地人告诉我们，她要把羊驼毛和染料一起放进锅里煮，煮一段时间后羊驼毛就被染色成功了！这里的羊毛制品，真的是"纯天然，无化学添加的哦！"

我读过一篇文章，专门介绍印第安人的印染技术：印染技艺在印第安人生活中非常重要。居住在南部平原地区的印第安人自古以农业为生，他们种植玉米、野棉花、西红柿、土豆、烟草等，从中积累了丰富的农业知识。在长期的实践中，他们以植物的叶、树皮、根、果实等作为染料。早期的欧洲国家移民也向印第安人学习有关植物染色方面的经验。例如，红色来自砧草根、野牛浆果、落叶松树皮、云杉的球形果实、漆树浆果、

血根草、铁杉木树皮等；黑色来自桤木树皮、赤阳木树皮、野葡萄、胡桃木、铁杉树皮、山核桃树皮等，用漆树叶、矮松的树脂、黄赭石等也能制成黑色染液；黄色来自鸟头、野向日葵、金光菊、野柳树根等；紫色来自美洲越橘等；金黄色染液是由鼠尾草的嫩树叶在沸水中煮沸两小时，再加明矾而成；蓝色来自蓝靛、飞燕草等；绿色来自菘蓝、绿木等；浅紫色来自鸢尾草等；棕色来自黑胡桃等。早期印染的媒染剂有盐、醋、碱液、草木灰汁等。在印染时，不同金属的染锅对色彩也有一定的影响。青铜染锅印染的色彩比较鲜亮，而铁制染锅则较为灰暗。印第安人在刺绣上所使用的色彩是与他们的自然环境、生活习俗、思想观念以及宗教信仰等密切联系的。红色虽然是欢乐的色彩，但也象征着战争和流血，所以较少使用；紫色代表悲伤；黑色是熊的色彩，代表强壮；白色象征阳光普照，是万物生长之母，同时也代表和平、身体健康；黄色是印第安人主要谷物——玉米的色彩，寓意五谷丰登；绿色是温暖的色彩，象征草木繁盛；蓝色代表平静、温柔。不同地区的印第安人由于不同的生活方式，对色彩的喜爱也多有差异。例如，平原地区由于以农业为主，尊崇太阳神，祈求五谷丰登，草木繁茂，所以大多偏爱白、黄、绿等色；居住在密西西比河流域的印第安人以游牧和狩猎为生，性格粗犷，所以就偏爱黑色。

　　就在这时出了意外，旅行团里最小的成员之一的冯乐程出现了高原反应，呕吐，于是我们尽快下山，2点左右到了大峡谷餐厅。冯乐程父母带着他跟另外一位导游去火车站，看能否提前去马丘比丘。他后来这样写道：我们坐飞机到了库斯科，到了之后我觉得很难受，头晕没力气，想吐；大家都下车去玩了，我和妈妈在大巴车上没下去；大家都说我是因为高原反应，这里海拔有3800米高。爸爸妈妈都很着急，和当地导游叫了一辆出租车要先带我去坐火车，到马丘比丘，听说那里2400米高。可是到了火车站，票都卖完了，我们只能在边上的咖啡馆休息，我还是一直吐。听爸爸说这里的火车是两个不同的公司营运，分别卖票，也不像我们的高铁那么快。最后我们还是和张教授他们一起坐火车来到了马丘比丘，我还吸了氧气，睡了一觉后感觉好点了。

随后，我们去一个大峡谷餐厅吃饭。餐厅布置得很不错，吃的是当地特色的自助餐。外面的院子里还有当地人演奏音乐，可以买他们的音乐光盘。院子的周围还有长着果实的仙人掌。在这里，我们第一次见到羊驼，3 只羊驼被拴在地上的桩子上，它们自然是孩子们的宠物。虞思来这样描述道：羊驼是秘鲁的特产。中午用餐时，在餐厅的户外草坪上我们发现了它们。张教授在出发前就叮嘱我们要用长至膝盖的棉袜子把裤腿包住，以免被羊驼身上的跳蚤咬到。这是我第一次亲密接触羊驼。最先发现的是只棕黑色的羊驼。它的毛色令我想起黑巧克力来，就冲这点，

我一下子就想靠它近些，近些，更近些……幸好，它挺温顺，长得又漂亮又干净。别看它高高大大的，但是对人有点怯生生的。我一厢情愿地靠近它，想要合影。它却若即若离地想避开我。我又挑了只小羊驼，猜想它可能喜欢和我玩耍吧。可是，出乎意料，小羊驼竟然很凶，就像个淘气的小孩一样，一直对我吐口水。后来查了资料才知道，羊驼在生气时会像骆驼那样从鼻中喷出分泌物或粪便来，或向别的动物脸上吐唾沫，以此来发泄它的胸中之怨。这就应该感谢它对我们喷的只是口水而已。在两次失败的求友经历后，我的好运来了。第三只羊驼十分乖巧，静静地在不远处吃草。我轻轻地走过去时，它抬起头，用它的大眼睛望着我。我们相互凝视了一会儿，觉得有感觉了。我抬起手温柔地摸向它的脖子，我有点怕它，它也有点怕我。我慢慢地缓缓地把手放上去。它的毛外面是硬硬的，但触摸到内部，却是软软的、暖暖的，很舒服。我抚摸着它的脖子，与它对视着。它呆呆地看着我，萌萌的，但也有它的情感。我相信应该是同我一样的兴奋与激动吧。我们就餐的羊驼餐厅也是相当漂亮，砖木结构，内部是棕色调，有点像霍比特人的小屋，配有许多雕像、陶罐以及油画作品，显得很温馨。回到酒店，我还沉浸在羊驼的世界里，虽然夜色已深，我却饶有兴趣地查起了羊驼的资料。资料查完，我才发现羊驼给我留下了纪念物。未被长裤包裹的膝盖处，痒痒的，起了一圈的小红疙瘩。我还是被羊驼身上的跳蚤给咬了。

　　在这个院子的一侧，我看到很多仙人掌。仙人掌是植物的一个科，主要分布在南美、非洲、东南亚等热带、亚热带干旱地区，有大约100个属2000余种。这类特殊的植物大多生长在干旱的环境里。有的呈柱形，高10多米，巍然屹立；一些长着棘刺的仙人球，寿命可达500年。仙人掌类植物有一种特殊的本领，那就是在干旱季节可以进入休眠状态，把

体内养料与水分的消耗降到最低程度。雨季来临时，又立刻活跃起来，根系大量吸收水分，植株迅速生长并很快地开花结果。很多仙人掌有锐利的尖刺，令人望而生畏，但它们开出的花朵却大多娇艳，花色多彩。被人们喻为"昙花一现"的昙花，就是原产中、南美洲热带森林中一种附生类型的仙人掌。

我们在大峡谷餐厅待到下午4点多钟下山，随后到了山下的德尔小镇，这里有一个军事地点，部分人决定去爬山。甘霖莉这样描写了这个过程：抬头望去这里四面环山，群山峻岭连绵不绝，听导游介绍这里原来是一个军事重地，山上还有不少遗址。但此时天公似乎不太作美，竟淅淅沥沥地下起了小雨，可是不上去欣赏又不甘心，好在旁边有小摊卖雨衣的，于是披着薄薄的雨衣就开始拾级而上了，好在这里的台阶不算太狭窄，还算有些登山经验的我在雨中小心翼翼地到达了顶部。山不在高，有仙则灵，放眼望去，天是那么蓝，白云像是伸手可摘，此时美景就像一幅流动的泼墨山水画卷，令人心旷神怡，我选了个稍微平坦点儿的地方赶紧从雨衣里摸出相机，只见附近的几个山头沉浸在雾海之中，忽然又一阵光芒万丈，原来是太阳出来了，东边日出西边雨。山上的古城堡的每堵墙基本上都是由大小不一的石头镶嵌而成的，没有任何现代化的施工痕迹，心里不由得赞叹这个远离家乡万里的国度有多少的能工巧匠，而这些城堡此时也不知已经伫立了多少年，经历了多少风雨，年复一年默默守护着山下这座小镇。

就在部分人分手准备去登山的时候，曹导游发现自己的身份证不见了，我只好陪着她，翻开所有的包裹，折腾了半天，终于找到了。随后，我们在库斯科小镇闲逛了一会儿，有的人在小摊上购物，讨价还价也是旅行中的一大乐趣。

傍晚时分，我们乘火车去马丘比丘。从集市到火车站只有几分钟的车程。换好票进入车站时天色已渐渐地黑了下来，车站很小，只有3条铁轨，但车站的入口却十分大气，铁栏门十分精致，正对着门的小路上有一座仿印加式的石库。令很多人感到新奇的是，它的月台和铁轨之间的高度差还没有城市的人行道与马路的差大。这时，天几乎完全黑了。我们在火车站短暂休息后，就准备上车了。火车的窗户很大，车厢内壁上有各种各样的壁画。车顶是一个没有底的圆角梯形，顶的两边也是巨

159

Day 11

大的车窗，中间是空调风口。另外，车的座位也很大，放两个包也不会感到挤。

王连毕先生仔细观察了这款观光火车：铁路是沿河而建，坡度大，质量也不算太好，所以晃动有点大，速度也很慢。火车的两侧一边是矗立的高山，另一边是湍流的河水。火车只有 4 节车厢，是按照 A、B、C、D 排序的，车厢与车厢之间是不相通的，每节车厢只有 48 个座位。但车厢里面则宽敞明亮，干净整洁，全部是软座，很舒适。火车的验票十分细致，逐人登记。每节车厢有 3 位服务员，身兼多项工作，除了担任服务人作之外，还扮成小丑或者模特进行表演和服装秀，推销当地的羊驼毛服装。这样的观光火车，在国内似乎还没有。

一个多小时后，我们抵达马丘比丘小镇，直接入住马丘比丘小镇上的一家三星级宾馆。实话实说，这家宾馆虽然只挂了三星，除了不在咆哮的河边之外，一点不亚于五星级宾馆，而且食物比五星级宾馆的还可口。

马丘比丘在克丘亚语（Quechua）是"古老的山"之意，也被称作"失落的印加城市"，是保存完好的前哥伦布时期的印加遗迹。马丘比丘被世人认为是秘鲁的明信片，并且被称为是秘鲁的庞贝古城。绝佳的地理位置使马丘比丘成为了理想的军事要塞，它的位置也因此曾经是军事机密。1911 年，是一位美国耶鲁大学教授海蓝穆宾汉姆 Hiram Bingham 在找寻最后的印加王室的堡垒途中，偶然间被当地的小孩带进深山了，穿过层层树木、白雾，才发现，山下有着一大片人类居住过的石头建筑。考古学家无法知道它的原始名字，只能以附近一座山的名字来命名为马丘比丘。

印加帝国的"失落之城"
——马丘比丘

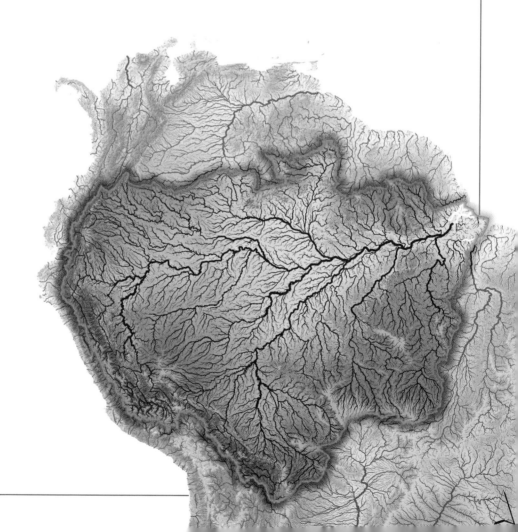

　　8：15 出发，乘坐大巴去山上，本来想上的第一辆大巴有两个不知哪个国家的人加塞，先唬溜上了车，而且无论怎么协调他俩死活都不肯下来，我们只好换了第二辆大巴车，刚好坐满我们整个团的成员。25 分钟后，我们的大巴车进入景区。在大门口，同行的摄像师被拦住，因为不让带摄像机入内，我跟大门口的女管理沟通了几句之后，半推半就地把雨衣给了摄像，就说我们根本不拍摄，把摄像机包住就行了。然后大家开始爬山，曹导游边走边给我们介绍它的历史。

　　马丘比丘在克丘亚语（Quechua）是"古老的山"之意，也被称作"失落的印加城市"，是保存完好的前哥伦布时期的印加遗迹。马丘比丘被世人认为是秘鲁的明信片，并且被称为是秘鲁的庞贝古城。绝佳的地理位置使马丘比丘成为了理想的军事要塞，它的位置也因此曾经是军事机密。1911 年，是一位美国耶鲁大学教授海蓝穆宾汉姆 Hiram Bingham 在找寻最后的印加王室的堡垒途中，偶然间被当地的小孩带进深山了，穿过层层树木、白雾，才发现，山下有着一大片人类居住过的石头建筑。考古学家无法知道它的原始名字，只能以附近一座山的名字来命名为马丘比丘。

马丘比丘遗址主要分布在马丘比丘山和它附近的另一座山娃伊娜比丘（音译，年轻的山）。马丘比丘凝聚着印加人的勤劳与勇敢，在秘鲁的建筑史上起到重要的作用，主要原因是马丘比丘的建筑特点：马丘比丘这座城市是用巨大的石头垒成的，墙上石块与石块之间的缝隙连匕首都无法放进去。让人无法理解印加人是究竟如何把它们拼接在一起的。让人困惑的是，建筑用的庞大数量的石块究竟是如何搬运的，至今仍是个谜。

还有，虽然印加人在那时就对圆形很有研究，但他们不使用圆形，却利用了斜坡。据信他们让成千上万的工人推着石块爬上斜坡。可惜的是印加人并未掌握文字的技巧而没有留下任何描述文字。至今没人明白印加人（公元前 8000 年）是如何能够把重达 20 吨的巨石搬上马丘比丘山顶的。

还有一种说法是印加人直接就地取材，因为在马丘比丘山顶上的白色大理石都是天然的有缝隙的。只要将木头一根一根地插入缝隙中，再往大理石里面注水，石头就会涨开，印加人再用他们的精湛工艺把它们做成样式规整的大石头，再用嵌接的方式把石头严丝合缝地拼接起来。我还发现了一个小细节，就是所有的印加神庙建筑都是微微地向里倾斜一个相同的角度，据说这样可以预防地震使建筑不会被震塌。并且导游告诉我们当时印加人在没有任何精密的测量仪器的条件下，他们的建筑近乎是相同高度，相同尺寸。马丘比丘就是一个空中的迷你城市，整个遗迹由约 140 座建筑物组成，包括庙宇、避难所、储藏室、公园和居住区。这里还建有超过100处阶梯——每个通常由一整块巨大的花岗岩凿成。还有大量的水池，互相间由穿凿石头制成的沟渠与下水道联系，通往原先的灌溉系统。

关于马丘比丘为什么建在库斯科，至今还是个谜，现在有几种说法。其一是马丘比丘在山坳里，两边是悬崖峭壁，两边有海拔六七千米的高山，易守难攻，下面就是湍急的乌鲁班巴河，所以是一个军事要塞。还有一个传说是那里是离太阳最近的地方，因为印加人信奉的是太阳神，并称自己为太阳之子。他们认为太阳代表了世界的能源、生命和光芒，所以他们就把那里当作一个圣地。马丘比丘就是一个与世隔绝的"桃花源"，是因为马丘比丘是亚热带气候，气候宜人，雨水充沛，所以那里的环境很好，并且离凡世很远，印加王可以在那里登高远眺，休闲娱乐又或者是像欧洲的王宫作为度假用。再一个说法是马丘比丘是印加王祭祀的地方，为了宗教祭祀，所以建在山顶上。最后一个传说，也是最可信的一个传说是：印加臣民认为，日月星辰是宇宙的主宰者，大自然里面种种不可抗力主宰着印加人的精神世界，为了祈求来年的丰收和平安。宗教祭祀就成为了印加人生活中不可缺少的部分。历史学家认为马丘比丘的地理位置是据众多神秘力量的中心，也是祭祀各路神明的最佳地理位置，也方便考察农时、日暑及一些天文方面的信息。所以印加人不辞辛苦，在那个山坳里建起了这座空中城市。

关于马丘比丘消失的原因，传说是因为一场席卷全国的血腥大屠杀，在马丘比丘里的人也无一幸免；还有的说是欧洲人带来了许多病毒，把里面的人毒死了。但具体什么时间消失的，为什么消失的，还没有一个官方的说法。另外，在印加时期，有一种活祭的传统习俗，那就是在印加贵族的婴儿当中，神官选择一些漂亮并且身体健康的女孩子，把她们送到库斯科训练，在库斯科，她们衣食无忧。直到她们成长到十五六岁的时候，也是印加文化中认为女孩成熟的年龄。在大型的自然灾害来临之前或者宗教祭祀的时候，选择她们其中的一个或几个。选出来的女孩在库斯科觐见印加王，举行一场最后的晚餐，神官会宣布她们所祭祀的山神，由最高祭师带着她们到马丘比丘附近的山上，进行祭祀。每一个女孩只祭一个山神。祭祀的过程是女孩穿着华丽的衣服，带着精美的首饰，再喝下七恰酒（音译，一种当地食物酿成的酒，其中含有麻醉药），被摆成蜷缩状坐着，身体朝向东方，祭师再用棒槌敲击她的右脑骨，直到敲碎为止，当然，女孩那时是感觉不到痛苦的，但最后她们会因失血过多而死亡。

还有一种活祭是在印加王死后或者是贵族去世之后的活祭。马丘比丘出土了170具尸骸，有150具是女性的尸骸。她们呈放射状排列在男性尸骸的周围。有点类似中国的陪葬。祭祀地点是在山顶的一个平坦的空地上，那儿有一块巨大的石头，石头表面非常平整，大小可以躺下一个成年人，在石头的一角有一块凸起来的地方，被打磨出一个洞。据说这是拴黑羊（黑羊是印加人认为血统最纯正的动物），并且有点类似祭山神的形式，也是少女，但数量会比祭祀山神的人多。

主祭祀广场周围的建筑上有一些梯形的凹进去的空格，这是用来放贡品的地方，并且导游给我们演示了一个非常神奇的现象就是当一个人在其中一个空格中发出连续的一个声音，那么在其他的空格中会听到一种非常好听低沉的共鸣声。在广场中有一个有着3个大型的窗户的建筑，这个建筑名字叫三窗神庙。关于这座神庙有几种说法：一是3个窗户分别代表星星、太阳和月亮；二是代表着当时印加时期的行为规范，阿马努呀，阿马咿亚，阿马素亚（音译，不准偷窃，不准说谎，不准懒惰）。用这 3 个窗户来窥探人们的行为。甚至在现在的秘鲁，有一些有军衔的军官服上都会佩戴一个东西，以便时刻监督他们的行为；三是，每年的 6 月21 日、12 月 21 日是印加人的夏至日和冬至日，这一天早晨的第一束阳光，也一定会从这 3 个窗户里面射出来。

印加王在人的世界是代表人的神，在神的世界是代表管理神的人，在这两者之间，只有印加王既是管理人和也是管理神两个世界的人，正因为如此，印加臣民对印加王抱以崇敬之心。同时在这么多个古代文明中，我也是第一次见到这种两个世界的管理者，也说明印加王的统治是绝无仅有的专制。印加人觉得人的生命像一颗种子：生根，发芽，开花，结果，再回归到原始。他们信奉人的一个轮回是圆形的，不是线性的（人的一生从出生到死亡，出生是新的开始，死亡是永久的结束），有点类似佛教的思想。而且，他们觉得背后的东西能够影响将来发生的事情，也就是说未来所发生的事情能够在背后的影子里发现踪迹。即印加人对宇宙和空间有着一种不同于现在的认识。

在一个空地上的正中，放着一个巨大的锥形石（春分石），形状非常奇怪，由三层石头组成，最上面的是一个锥形石柱。这个石柱也是起到一个指南针的作用，但不像之前的指南针是由每个指针指明方向。它是由每个面来指明东西南北。这个石柱还有一个很神奇的地方，在最下层石台边上有一个凸出来的正方形的石头，据说每年的 2 月 14 日和 10 月28 日（在秘鲁相当于中国的春分和秋分）的正午太阳一定会从这个石柱射下来，分毫不差。

　　在一个广场的旁边还有一块被印加人崇拜的圣石，形状与它背后的山形一模一样，分毫不差。这块圣石从右往左看，像一只兔子，但从左往右看，像一条鲢鱼。当然，这也是后人臆想出来的。在古代，印加人祭拜这块石头。经过很多陡峭的石头小路，导游带我们到了一个山洞的旁边，这个山洞处在一个拐角的地方，特别隐秘。一块巨大的石头凸出来像一只展开翅膀的老鹰，随时都要起飞的模样。这就是山鹰庙。在这座山鹰庙里发现了很多的羊驼的尸骸，所以也可以看出这个山鹰庙主要是用羊驼来祭祀的。而且，不得不再次感叹印加人实在是能工巧匠居多。还有一个小细节就是老鹰的头是指向东方的，因为印加人觉得一日之计

在于晨,并且日出东方,日落西下,所以他们觉得这个山鹰的头是指向东方的。很神奇,但也再一次让人惋惜印加帝国的没落。

正当我们在尽情品味着马丘比丘的建筑和历史的时候,有一个团队成员却关注起当时的给排水系统。封楚君这样写道:在从山顶走回入口的路上,我边走边观察着身边的建筑,忽然,我在石墙上发现了一条平排水沟。我沿着排水沟向上看去,发现这条排水沟一直通向山顶,再转过头向下看,排水沟一直沿着山上的梯田往下,和梯田一起消失在笼罩山谷的云雾中。这些下水道都修建在路边和台阶边,有些地方还有矮墙把下水道和路隔开。这些下水道的边缘相当平整,石头与石头之间契合得非常紧密,紧密程度不亚于现在人们用石块铺路的程度。下水道从高到低呈阶梯状,有些在地表以下(就是类似于隧道一样的下水道),有些则在地表以上,且下水道边上都留出了一些比下水道稍高但比矮墙或者路面低的矩形的区域,我猜这些区域可能是在水流量增大时分散水流用的吧!每隔几级石阶,在下水道将要进入地表下面之前都会看见一个高出下水道、被矮墙包围的矩形,我觉得这个东西可能是一个水槽,水多的时候可以暂时停留在里面,慢慢流进下水道,分担排水沟的工作压力。在排水沟进入地表和离开地下的地方都有一个近似于正方形的口,这个口切割精细,边缘非常平整,水流出入小孔没有一点阻塞。顺着下水道向四周看去,发现这些下水道四通八达。回来后,我上网查了相关资料,古印加人就是这样巧妙地利用分布在马丘比丘的内城和城外的梯田间的排水沟和蓄水池,构成了一个完整的灌溉和排水系统。

中午 11:30 集合下山。听说景区把当地导游的证件给扣了,两周不让用,我想去理论,当地导游无论如何也不肯让我去。我们乘坐公交车下山，在火车站附近一个名叫 Totos House 的餐厅吃中午饭、上网、等火车。在这里，我最喜欢喝的是由药用古柯叶酿成的茶，这种茶也是在秘鲁治疗高原反应的一剂良药。

下午 3 : 20，我们登上火车，跟来时的火车不完全一样，价钱也稍微更高了一点。火车上还有服装表演，其实是推销服装。下了火车，又乘了漫长一段时间的大巴，晚上 8 点多才抵达库斯科。这个城市被人们称作"晚上像香港，白天像砖厂"。说来也很有意思，这座城市白天看，的确到处是红砖红瓦，晚上也的确是灯火辉煌。吃晚饭的地方是 TUNUPA 酒店，酒店里有很好听的音乐。但我却因为大巴车的颠簸，没有胃口，只是吃了一点水果。这个晚上，我们入住库斯科印加王宫酒店。

抵达库斯科的过程，刘聆溪是这样描述的：来到高原城市——库斯科。这里的海拔为 2000 ~ 3000 米，让我们这些平原地区来的考察者有幸体验了一把高原反应。在这里，不说跑跑跳跳剧烈运动，就连走楼梯走得急了都要喘上三喘。幸运的是，我并没有出现缺氧的症状，这大概得益于长期的运动吧。当我们先乘火车再转大巴折腾了一番后，在晚上 7 点终于抵达了库斯科。在夜幕笼罩下的库斯科隐隐有一种欧式古镇风格的神秘。在城区的周围环绕着高山，星星点点的灯火把山腰装点得富丽堂皇，像一颗颗璀璨的宝石镶在夜空中。同行的王志恒一直不住地说："像是盗梦空间一样，整个世界都是斜过来的。"确实，看着漫山遍野的灯火，仿佛有种那片山才是地面的感觉呢。据导游介绍，住在山上的都是贫穷的人，山路又远又崎岖，每天上山下山都要走几小时，十分辛苦。经历了大半天疲惫的旅程，在昏黄的灯光下我们每个人都像一个无精打采的影子。在匆匆享用了一顿不甚美味的晚餐后，我们便又坐上车，赶往酒

店了。在车上，曹导游对我们即将入住的酒店做了简单的介绍。这是一座五星级的酒店，在全国范围内却属于数一数二的高级酒店了。这栋房子从西班牙入侵时期就已经存在了，后来被改建为酒店，因此充满了西方哥特式建筑和当地本土艺术结合的奇特风格。曹导游颇有些自豪地说，她带过的每一只旅行队一进大门，都会异口同声地发出惊叹——太漂亮了。当我们真正到了酒店，才亲自体会到了它独特的风情。大堂别致的屋顶上垂下水晶似的吊灯，中世纪风格的油画用精美华丽的相框装饰好，走廊两边还摆放着许多别致的饰物，昏暗暧昧的灯光撒在地毯上，整个建筑充满了华贵的气息。不仅大厅，我们入住的房间也十分高级——居然是套房！这当真是奢侈享受了。

库斯科是伟大的古印加文明的中心，库斯科太阳神庙更是印加文明的集中体现。"印加"，其本意就是"太阳之子"。我们离开带着浓郁南美风格的印加王宫酒店（Palacio del Inka），穿过窄窄的街道，一座巍峨庄严的古建筑赫然映入眼帘。时间仿佛倒流，移步之间我们回到了那伟大却又战火纷飞的大航海时代。

第 13 天

Day 13

库斯科酒店、
太阳神庙和大教堂

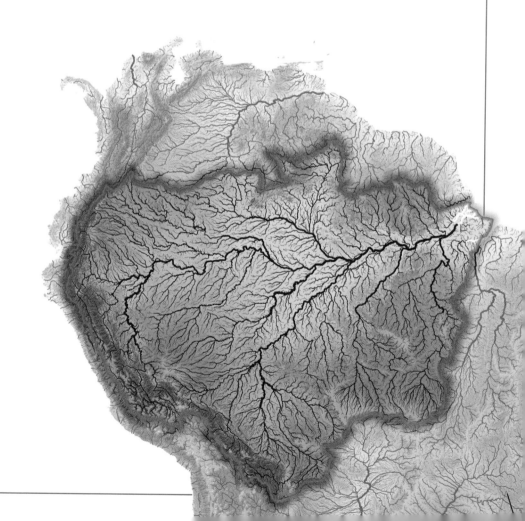

　　库斯科印加王宫酒店拥有 200 个房间，坐落在库斯科最著名的旅游景点——太阳神庙的对面，被列为秘鲁六大顶级豪华酒店之一。酒店的普通房和带有后花园的高级套房都是由黑木做成的，酒店里的标志显示这属于联合国教科文组织的世界自然遗产。入住这座酒店必须每个人亲自签名，其实我们谁是谁的签名他们也搞不清楚，可能是为了这里的安全吧。我个人认为这是我迄今为止最喜欢的一座酒店，而跟我同样喜欢这座酒店的还有来自深圳的罗伟先生。他这样描述道：印加王宫酒店（Palacio del Inka）位于库斯科市中心，坐落在太阳神庙（Koricancha）的前面。酒店前面是一个开满了鲜花的小型花园。一进酒店映入眼帘的是充满了印加气息的大堂。酒店雕梁画栋到处摆满了油画及印加文化古董。

酒店管理人员彬彬有礼地把我们一行引入专门准备的一个会议室并奉上香茶。办理完入住手续后团员们迫不及待地进入各自的房间。服务生帮我们打开房门并礼貌地道别。每个人都感受到服务的贴心。进入时尚的现代客房配备有暖气、有线电视以及舒适的双人床。所有客房都提供优质床单和宽敞浴室。房内还可应客人的要求供氧，帮助客人缓解高原反应。酒店内的餐厅可以供应当地特色菜和世界各地美食。客人还可以在酒吧里品尝饮品，放松身心，欣赏美景。酒店内还拥有健身房。我们的客房坐落该酒店一处十分宁静的地带。客房设有两张特大号床，还享有太阳神庙的直接景致。客房提供每周7天每天24小时的洗衣服务和客房服务。行李一扔就可以直接享受温暖的淋浴，房间内竟然有两个卫生间。五星级的被褥确实与普通酒店的不一样。一觉醒来去吃早餐，古典风味的餐厅优雅别致。廊厅摆着漂亮的餐桌。巨大的落地玻璃窗外是鲜花盛开的小花园。早晨的阳光温暖宜人，沐浴着温暖的阳光，品着卡布奇诺咖啡。丰盛的早餐有各式精制的甜点和水果饮料。吃完早餐开始浏览古迹，酒店到处都摆放着古印加器物，并进行了妥善的保护。

考虑到大家几天来的车马劳顿，我们决定中午11：30再出去，其实原本是计划中午12点，但酒店不同意，只能中午11：30。我是早晨8点多就下楼了，美美地享用了一份富有情趣的早餐。这家餐厅的早餐也特别棒，吃到了腌制得很好的三文鱼，又吃到了红色仙人掌果，很甜，夹杂着很多硬硬的种子。果肉内部有籽，嚼不烂，抿一下即可吞食，清香甜美。

中午11：30，我们离开酒店去参观对面的太阳神庙。虞思来仔细介绍了这座神庙：库斯科是伟大的古印加文明的中心，库斯科太阳神庙更是印加文明的集中体现。"印加"，其本意就是"太阳之子"。我们离开带有浓郁南美风格的印加王宫酒店（Palacio del Inka），穿过窄窄的街道，一座巍峨庄严的古建筑赫然映入眼帘。时间仿佛倒流，移步之间我们回到了那伟大却又战火纷飞的大航海时代。16 世纪，西班牙人入侵库斯科，尽毁太阳神庙，但又神奇地保留了神庙那异常坚固的地基和下部围墙，在上面建造了"圣多明戈大教堂"，成就了奇特的印加 – 西班牙结合的建筑。古老的印加文明托起 16 世纪的天主教堂，几百年的岁月在这斑驳的褐色围墙上向我们尽情展示着虔诚和杀戮、光荣和罪恶。导游是在秘鲁生活了很多年的华人，一边带我们参观，一边如数家珍地介绍神庙的历史。太阳神庙建造于第一代印加王时期，是为印加文明的创世神 Viracocha 建造的。这位神祇在漫长的历史中，一直受到印加人民的膜拜。但就像整个美洲大陆一样，不管是太阳神还是创世神，似乎都在人类主流文明之外，默默地生长。而当这个世外桃源遇到西班牙的铁蹄和枪炮而土崩瓦解的时候，最终流传下来的是那一道道历史的围墙、文明的硕果和人们心中那些美妙的传说。据说，库斯科城就是太阳神的两个儿子建立的。我们也看到在神庙里展出的一块美轮美奂的金板，秘鲁人称之为"宇宙版图"。画面上整个宇宙事物从高到低排列为十字架、创世之神、太阳神、太阳、星星、彩虹、山、河流、地面、树木、人。这是一个敬畏神灵的民族，也是一个敬畏自然的民族。印加人把自身放得很低，我想印加人也一定是个善良的民族。善良的人们

往往是勤劳和智慧的。当我们看到神庙那坚固的围墙遗址，当导游向我们介绍完那倾斜的墙体和耦合的巨石后，我们不得不惊叹于印加人那虔诚的信仰、惊人的智慧和辛勤的劳作。我们在参观过程中仔细观察了太阳神庙内坚固的印加式墙体。这些墙体是由大大小小的石块整齐地堆砌而成。当年，印加工匠将这些巨大的石块从几十千米外的山区运送到工地，然后用石球重击形状不规则的石头让它们变得比较规则，又用坚硬的石块来打磨石头的表面，使其光滑。经加工的花岗岩石块，或大或小，排列有序。工匠们根据石块凹凸不一的形状，相对应地嵌入，石块与石

块的结合处，不用任何黏合剂却严丝合缝，甚至连薄薄的刀片也插不进去。这样的大体力劳作加上精工细作，在当时的社会条件下，是多么的艰难啊！我不得不佩服印加工匠们的专业和敬业，以及他们对神庙的崇敬心和真诚心。太阳神庙内的每一堵石墙都是按照固定角度向内倾斜的，四面的墙体依靠斜角形成的力来相互牵制，异常牢固。库斯科发生过多次地震，在强震中西班牙人于16世纪建造的圣多明哥大教堂曾化为废墟，而印加人的太阳神庙石基却完好无损。印加文化中的工匠智慧和精神延续到了今天，继续放射出光芒。若再仔细观察，我们会发现神庙的石头上凿有许多较大类似于水管一样的凹槽，这就是印加人的灌溉系统。山泉从这些凹槽中流走，以起到灌溉作用。在导游的提醒下，我们在墙上还看到了小洞似的小凹槽。原来太阳神大殿的四周墙壁和屋顶、地面全部镶上了一层厚厚的纯金板，被称为"黄金花园"。而后西班牙殖民者挖走了金银珠宝，留下了抢不走、捶不倒的石墙和欲哭无泪的凹槽。 太阳

神庙内保留了很多绘画作品，这是我们参观的又一重点。秘鲁是多民族的融合体，包括印第安原住民、欧洲人、非洲人和亚洲人。在太阳神庙中的许多绘画作品中体现了多元化的民族艺术特点。例如，一些人的脸是欧洲人的脸，而衣服却是印加人的衣服，或印加人拿着西班牙人的长枪短矛之类的冷兵器，这就是不同民族的融合。在一幅描述印加王的画作前，我们停下了脚步。这幅画讲述的是西班牙人入侵后，想要将自己的宗教信仰带给印加。画中一名牧师对第十四任，即最后一任印加王说："你听，上帝在对你说话。"而印加王却很生气地说："我什么也没有听见。"随后把圣经扔在地上。这体现了印加人的太阳神教与天主教的冲突。印加王扔掉书后，牧师两手一拍，躲在周围的西班牙远征军冲出来围住了印加王。城民们纷纷要求西班牙人放了他们的印加王，西班牙人的释放条件是一间堆满黄金和白银的屋子。最后，印加人付出了黄金，而西班牙人最终还是没有放过印加王。公元1533年，最后一任印加王被西班牙人杀死在秘鲁北部。这宣告了第一至第十四任印加王时代的破灭，西班牙人殖民的开始。秘鲁信奉许多神灵，祭大地母亲之神、祭山神，也有很多庙宇。在库斯科有著名的太阳神庙，还有月亮庙、星星庙、彩虹庙、闪电庙等。由于时间有限，我们只参观了最具代表性的太阳神庙。跨出神庙，导游告诉我们，印加人来祭拜时，会背着行囊，赤着脚，从住的旅店一步一磕头地前往太阳神庙。我想他们是想在这一步一叩首中净化去现世的尘埃、烦恼和欲望，回到印加文明留下的净土中去。印加文明的光辉和虔诚、纯净、智慧、勤劳的印加人留在了我的库斯科之行中。

随后，我们乘车，部分人参观了金碧辉煌的库斯科大教堂。不过，令人遗憾的是，跟其他漂亮的地方一样，这里也不让拍照片。黄夏先生这样介绍这座教堂：来到库斯科，一定不能错过去看库斯科大教堂。这里

是全世界为数不多的把三座教堂连在一起的建筑。大教堂位于中心广场的北面，始建于 1560 年，是西班牙人在 Inca Viracocha 宫殿基址之上，融合了西班牙的文艺复兴建筑风格和巴洛克风格与印地安人的石雕艺术，前后花了近 100 年才建成的。库斯科大教堂由三座教堂组成。主教堂在中间，左右分别为耶稣玛丽亚教堂和艾尔·特诺夫（胜利）教堂，广场东侧还有一座耶稣会教堂。大教堂左侧钟楼的玛丽亚·安哥拉大钟高 2.15 米，重量达 6 吨，是南美洲最大的教堂大钟，由黄金、白银和青铜铸造而成，其洪亮的钟声据说在 25 英里以外都能听见。这座大钟由于年代久远现在已经有点开裂了，所以声音已经大不如前，因此只有在非常重要的活动时才会使用。教堂在过去 400 多年间的 4 次大地震中受到了不同程度的损坏，但都幸存了下来。大教堂是库斯科全城最杰出的殖民时期建筑，教堂中除了精美的宗教艺术品外，还收藏有大量的著名艺术家的作品。其中绝对不可错过的是教堂东北角的《最后的晚餐》（*The Last Supper*），画家 Marcos Zapata 对这幅达·芬奇著名的作品做了"本土化"特色的修改——把耶稣面前盘中的面包换成了南美洲特有的豚鼠。除了这幅著名的《最后的晚餐》，教堂里还有大量的 17 世纪由秘鲁本土艺术家所绘的文艺复兴时期风格的宗教内容的油画，其中也包括了库斯科大教堂历任大主教的肖像画。三座教堂还有个俗称，从左至右分别叫金银石教堂，那是因为左面的耶稣玛利亚教堂整体的装饰比较金碧辉煌，而中间的主教堂有个用银子做的充满新古典主义风格的大祭坛，那是由 16 世纪的一位叫做 Bartolomé María de Las Heras 的大主教捐赠的。而右面的胜利教堂则主要是由白色的大理石建造而因此得名。这座小教堂之所以叫"胜利教堂"，是为了纪念那场西班牙殖民者战胜印加人从而夺取库斯科的著名战役，因此在这座教堂里还有一个西班牙军人骑在马上把印加人踩在马蹄下的雕塑。不知道当地的库斯科人在参观这座教堂看见这个雕塑时会作何感

想。此外，在这座小教堂的地下室里还存放着一件"镇店之宝"，那就是一个 20 厘米 × 30 厘米 × 20 厘米见方的藏宝盒，里面放着据说是库斯科的第一任总督也是第一个西班牙和印加的混血儿 Garcilaso de la Vega 的骨灰。

　　与此同时，王喆记述了她和父母在教堂外的经历：一部分人去参观库斯科大教堂时，我和父母选择在教堂外的大广场休息和街道散步。这是个阳光明媚的上午，数日的旅程，消耗了我们大部分体力，能在广场的座位上悠闲地坐坐，是非常惬意的事，连草坪上的鸽子们，也伏卧着懒懒地晒着太阳。库斯科是个白天古朴、夜晚绚丽的城市。石板街道非常整洁，体现了市民的良好素质。休息了一阵，我们便四处走走。离大教堂广场不远，经过一条大约百米的小道，是一个较小的广场。听导游讲，大教堂外的大广场是让刚从教堂出来、悲伤的人哭泣的地方，而这个小广场，则是让人哭泣之后马上欢乐起来的地方，可见当地人积极乐观的心态。跟刚才相对肃静的大广场比起来，这个小广场可热闹多了。小广场上，所有的长椅上都坐了人，大多是游客，也有当地人。我看到几位穿着民族服装、背着大布包卖杂货的老人和小孩，广场上还有几位擦鞋的当地人。小广场四周的道路上车水马龙，不时有旅游观光巴士经过。广场周围是商铺，有卖特色手工艺品和当地风景画儿的，有卖服装的，有餐馆，餐馆门口还有弹着民族音乐的艺人。这里的生意人很淳朴，不会死缠着让人买东西，即使不买东西他们也很乐意让游客拍照或合影。

刘聆溪也描述了她对教堂外面大广场的不同感受：广场四周建有许多低矮的房子，只有两层高。米黄色的墙，钴蓝色的雨棚，窗台和栏杆，阳台上还摆着小巧的玻璃桌和藤制的凉椅，几片翠绿的藤叶悄悄爬上墙头，斑驳的树荫投在墙上，古老的红绿灯，旧式的小汽车和巴士，仿佛把我带回到19世纪，带到了欧洲的小市民慢节奏的惬意生活中。广场的中央还有一座喷泉，一尊铜像屹立其上，不知名的指挥者高举手中的武器，剑鞘和他坚毅的鼻梁在阳光下熠熠闪光，颇有君临天下的感觉。蓝天、白云、青山、古镇、铜雕、教堂，这一切就如一幅天然生成的画卷，我立刻端起相机，抓住这美丽的诗意。走廊里拱形的大门剪影出遥远的山，阳光射在铜像上削刻出坚硬的线条，教堂的玻璃映衬出柔和的云，一切都使我沉醉其中。

参观完，我们到肯德基快速吃了一点东西，然后乘车赶赴机场。搭乘下午5:55的飞机返回利马。抵达利马，去先前入住的机场酒店取了行李，到一家中餐厅吃饭。说实话，接连10天左右吃当地的饮食，大家都十分怀念中餐了。

晚上，我们再次入住喜来登酒店。

库斯科酒店，太阳神庙和大教堂

博物馆的上层是一个让军事迷为之疯狂的地方，全部是古代的冷热兵器和名人用过的遗物。一走进博物馆就有一种肃杀的气氛，黝黑的铁甲、宝剑静静地位列两旁，仿佛诉说着自己和主人当年在战场上的英勇。藏品布满了展馆的每一个角落，连头顶的吊灯也是镀金的，令人眼花缭乱。

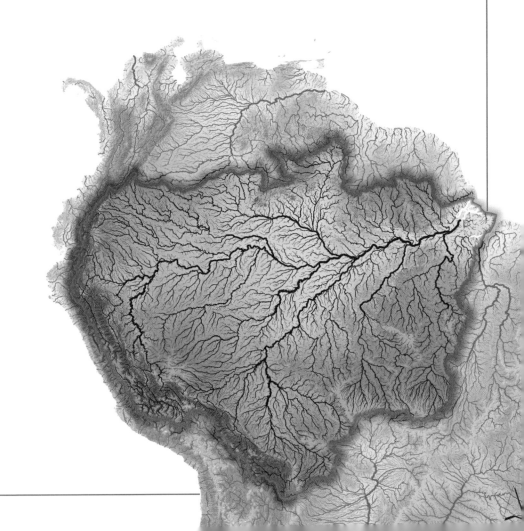

第 14 天

Day 14

利马一日游

2月25日，早晨9∶15，比预计时间迟到了15分钟，我们从喜来登酒店出发，第一站是大地画公园。宽阔的草坪上，用种植的鲜花，把纳斯卡地画的几个主要图案展示出来，供人观赏。这是名为"怪手"的图案。德国女学者玛丽亚·赖西把一生献给了纳斯卡地画。50年如一日地在此研究并打扫清理这些线条。在这片平原上，她画出了数个三角形、四角形、准确的几何图形或平行的跑道。那些巨大的交织排列的直线，有时彼此平行，有时呈文字形。她在世时，纳斯卡全镇的人为她庆祝生日；她逝世时，秘鲁全国为她举行了国葬。她被称为秘鲁的英雄。

　　紧接着是参观爱情公园，这个公园此刻正在修整。据说是为情人节做准备。顺着海岸线，有一段陡峭的沙石悬崖，爱情公园就修建在悬崖上面。爱情公园不大，里面有精心培育的草坪、花草和树木，景色非常漂亮。那里视线开阔，大海的景色一览无遗。公园的正中间有一座巨大雕像，表现一对恋人正在热烈拥吻，所以雕像的名字也叫做"吻"，是雕塑家维克多创作的。公园于 1993 年的情人节建成并对外开放。公园里有时举行一些有趣的活动，比如曾经举办过接吻马拉松比赛。据说，修建爱情公园的创意来自于一位名叫安东尼奥的诗人。他曾说过，在南美洲，甚至世界的其他城市，人们为烈士或英雄修建纪念碑，但没有城市为恋人们竖立纪念碑，为此修建了这个以爱情为主题的公园。公园靠海一边的围墙，有的部分是用各种颜色的瓷砖修建的，但以白色为主调，上边也刻有各种有关爱情的诗句。

　　在利马太平洋边的海滨娱乐城购物之后，我们驱车前往黄金博物馆。王志恒和他的妈妈何丽女士这样描述道：黄金博物馆并非黄金展馆，它的全称是秘鲁黄金博物馆和世界兵器博物馆。博物馆分地上一层和地下一层，是由秘鲁的金融家、外交家米格尔－摩希卡－加利先生收集而建的私人博物馆。秘鲁有一条不成文的规定，如果你是秘鲁的一名收藏者或爱好者，你就有责任和义务把自己的收藏品拿出来供国家展示，但产权归个人所有。米格尔－摩希卡－加利先生不仅是一位收藏爱好者，还是世界濒危动物组织的会员。他还把从世界各国收集而来的一些珍稀皮毛藏品，建成另一个小的展馆，目前只对亲眷开放。我们在一条安静的小街道上下了车，映入眼帘的就是黄金博物馆那道漆黑森严的大门，只留了一个 1 米左右的小门供游客进入，车辆是不允许进入的。进入大门以后，是精致的小花园，有几片青绿色的草地，与国内博物馆宏大的建筑相比，它则显得小家碧玉，深藏不露。在进入博物馆右边的草地上，矗立着米格尔－摩希卡－加利先生的塑像（1910—2001 年）和生平介绍，以供游客更多地了解这位可敬的老先生。

走进博物馆，立刻就被几副欧式的铠甲震撼了。铠甲按成人等身而制，银黑发亮，每副铠甲手上都拿着不同的武器，威猛异常。左手小厅墙上挂着许多锋利的长剑与带尖锐刺头的盾牌，令人不寒而栗！大厅里还摆放着一台老式的加特林。走道右边的第一个展厅里，摆放着几个大

的玻璃柜子，柜子里都装着中世纪时的火枪。每个盒子里不但装着枪，还配备了枪的零件与保养工具，琳琅满目，令人啧啧称奇，原来枪也可以是精致的。第二个展厅的展品都是中世纪的长剑盔甲，还有一些阿兹特克人的剑。这些剑看起来像电影《指环王》里半兽人用的剑。转角的一面墙上，密密麻麻地布满了各式各样的军服扣子，大约有几万枚。隔壁的玻璃柜里，陈列有一顶中国的八一贝雷帽。据导游介绍，她曾经带过总参的团队参观，说帽徽与帽子不匹配，不是一个时期的。还有手铐、脚镣等各式藏品，认人大开眼界。步入第二大厅，我们看见1995年李鹏总理送给博物馆的中国礼物，汉朝举世闻名的青铜雕塑艺术仿品——马踏飞燕（又名"马超龙雀"、"铜奔马"）。还有伊丽莎白女王用过的宝剑、秘鲁第一任总统的制服、秘鲁海陆空三军各时期的制服……

匆匆参观了地上一层之后。我们就顺着台阶来到了带有神秘色彩的地下一层：大量的尸骸和印加古董。秘鲁博物馆里最多的展品就是陶罐与尸骸了。秘鲁没有火葬，只有土葬，但南北葬法不同。南部蜷葬，因为他们认为，人在母亲肚子里孕育时是蜷缩着的，离开人世时，也应是以蜷缩的姿态离开。尸体蜷缩着用布一层又一层地紧紧包裹起来，就像包粽子。包裹后的布乃伊形状如同一个巨大的不倒翁。越是有钱的人家，布裹的层数越多，陪葬的陶罐里也会装满了金银珠宝。印加时期盛行陪葬，他们从一些皇家贵族里挑选一些聪明端庄健康的孩子，从小就把他们集中到库斯科统一培训，给他们吃好的，好穿的，受最好的教育。当印加王出征或发生巨大自然灾害时，印加王在大教堂召见他们，陪他们吃最后的晚餐，一起走到5000~6000米的高山上。祭师给孩子们喝带麻醉的酒，等孩子们昏昏沉沉后，用棒槌猛击右眼骨，把右眼骨打断，再把尸体蜷着，朝着welagoqia进谏的方向。地下一层展览的是公元前5世纪到

公元5世纪的印加古董，有7000件之多。印加人不知道铁，但崇尚黄金，使用汞来提炼黄金，并用黄金制作了大量的工艺品与装饰品，所以印加帝国也被称为黄金帝国。展馆里可见印加时代时人们用的黄金碗杯，黄金背包，也有印加皇室用的笔架，黄金玩具，还有相当价值的印加皇冠，黄金甲，黄金面具等。它的镇馆之宝是一尊印加神像，这是秘鲁唯一一件超级古董黄金真品。印加的纺织业从公元400年至公元1100年期间很发达，图案与色彩非常鲜明。据说南美三大特点：激情的桑巴是巴西；浪漫的探戈是阿根廷；欢乐的排箫是秘鲁。所以，排箫的展品也很有特色，是陶制品。现在印加市场里的排箫是竹子制作的，都是五声音阶。最为神秘的展品还是印加人称为奇普的结绳！印加文明是青铜时代唯一一个没有文字的文明，执政官们在一条主绳上系着许多打着结的细小绳子用来记事，至今科学家们还无法破解结绳的具体含义，也使得结绳越发的扑朔迷离……

黄金博物馆，从进入的那一刻开始，一直到离开，它所带来的惊奇感与巨大冲击力，相信会永久地留在每一位参观者的记忆中！

陶韬介绍的角度有所不同：博物馆的上层是一个让军事迷为之疯狂的地方，全部是古代的冷热兵器和名人用过的遗物。一走进博物馆就有一种肃杀的气氛，黝黑的铁甲、宝剑静静地位列两旁，仿佛诉说着自己和主人当年在战场上的英勇。藏品布满了展馆的每一个角落，连头顶的吊灯也是镀金的，令人眼花缭乱。我自认也对军事小有兴趣，可馆里面绝大多数的藏品我都不清楚它的背景情况。展品涵盖了从南美到欧亚、从中世纪到"二战"时期的枪支、刀剑、盔甲、马具等，无法一一道明。有许多"二战"时的枪支和军服随着军人流落到南美，这位博物馆的主人就将它们收入囊中，这些藏品都是我从未见过的。值得一提的是，博物馆里面也有几件与中国有关的藏品：古代蒙古的战刀、八一军帽、相传是毛泽东主席用过的手杖和1995年李鹏总理访问秘鲁时赠送的马踏飞燕的复制品。除了武器，许多名人的遗物也是很难得一见的，包括南美著名的解放者波利瓦尔、西班牙殖民者皮萨罗等人的军装，还有查尔斯王子和戴安娜王妃用过的华丽宝剑，这也是老人的最后的一件收藏。来到下层，就是关于秘鲁文化的藏品，有7000件之多，而且丝毫不逊色于上一层。秘鲁也是一个历史悠久的文明国家，分为前印加和印加文明。名为黄金博物馆，现在终于看到了黄金。有生产黄金的工具和印加人的黄金饰品。印加人信奉太阳神，认为黄金是太阳的光辉，所以印加王的随身物品上全部是金闪闪的，有黄金的帽子和衣物，装饰精美、十分奢华。里面的许多藏品都是从墓穴中出土，同时也包含古代殡葬的尸骸，当地只有土葬，而南北不同。南方是蜷葬，因为印加人认为人是蜷着出来的，就要蜷着离开，尸体外面再用布一层一层裹起尸体，裹的层数越多说明家境越富有。印加文化很多与中国古代文化相似，除了殡葬之外还有活祭。一些少年被选为祭品，到一定年龄之后就带到高山之上，朝着创世祖神的方向被杀死，在南美其他地方的高山上发现了这样的尸体。印加人没有文字，所以他们的贵族用结绳记事，这也是与玛雅文化的最大区别。最后要提的还有印加人高超的医术，在1000年前就有头颅钻术，意在用铜去修补受损的头颅，并有30%的存活率，很神奇。馆中也有刻画着嘟米的制品，他是印加人信奉的医神，也叫奈蓝泼，象征着吉祥健康。参观完博物馆，我们对印加文化有了更深更全面的了解，同时我也十分敬佩博物馆主人一生对收藏的热爱。

　　随后，一行人又回到昨晚吃饭的餐厅吃中午饭。下午2：30，直奔印加市场。印加市场被一条街道分成两部分，面积还是蛮大的，大都是有当地特色的东西，比如说羊驼产品、银器、当地的雕刻和字画等。进入市场就像走入一个错综复杂的迷宫，里面不仅有珠宝、手工艺术品、艺术品，还有昆虫标本、纺织品和纪念品，很大一部分物品都是纯手工制作的。

刘聆溪介绍了自己逛市场的过程：在印加市场购物，是此行与印加文化的最后亲近，我是带着为同学买纪念品的任务去的。听到导游说可以讨价还价，我对此不以为然，因为在我看来，买东西时不惜为了一个索尔磨破嘴皮子讨价还价半天，是一件很掉价的事。购物开始了，面对着让眼花缭乱的手工艺品，我们像一群羊涌入草坪一般，迫不及待地挑选起自己心仪的商品。我和妈妈一起，进入第一家商店时，我们一眼就看到了挂在墙上的闪蝶标本，妈妈在之前已经买了一个，本来是40索尔，被妈妈硬生生讲到30索尔。这次，抱着问问看的心理，我问了老板这个标本的价格，结果却让人大跌眼镜——开价只要28索尔！妈妈

哭笑不得。进入第二家店，我一瞬间就被柜台上摆着的一只毛绒玩具吸引了。这是一只天竺鼠，用羊驼的毛制成的，一共有白、褐、灰 3 种颜色，摸上去又软又柔，黑黑的眼睛十分无辜地望着我。bingo——正中红心！我一下就决定了要把它带回去，我问了问价格，25 索尔。于是我去向老妈要钱，她却说："太贵了，你讲低一点。"这下可难倒我了，我自觉没有那么厚的脸皮，但又非常喜欢这只天竺鼠，一番踌躇后，我只好试着去讲讲看。我们用蹩脚的英文加上肢体语言谈了好久，才勉强讲到20 索尔。我立刻跑去向妈妈汇报情况并要钱，没想到，她还是说："不行，太贵了。15 索尔就买。"天啊！我现在真后悔，千不该万不该把钱放在妈妈那里！尽管万般不舍，我们还是走向了下一家。印加市场的商店是一个紧挨着一个的，一排排整整齐齐地构成一个有点像"回"字的形状。我们一家家地走过去，途中我收获了不少小玩意儿：4 个小挂饰、1 个别针、2 条项链。但是没有一件是轻松得到的，不是看了好多家才选择了最便宜的，就是要唇枪舌剑地砍价一番。当然在途中我也不忘牵挂我的天竺鼠。这种玩偶许多店家都有卖，质量有好有差，但价格都在25 索尔左右，不管我怎么软磨硬泡，妈妈就是不给我买。眼看着两个小时的时限就要到了，我们准备回去了。但这时，我们发现——迷路了！这也不能怪我们，这里一共有 4 个出口，可每个出口都长得差不多，我们一连走错了 3 个门，就是找不到进来的地方。这时，我们很幸运地遇到了同行的人，问清楚路线后，我们终于成功地到达了集合地点，已经有很多人在那里等着了。但是我还是闷闷不乐，妈妈见我还在惦记着天竺鼠，只好拿给我 6 美元，再让我去讲（1 美元 =3 索尔）。我噔噔噔地跑过去，叽里呱啦叽里呱啦讲了一大堆，但女店主只是为难地笑着说"No, no, no!"最后的最后，我真是没有办法了，只好双手合十，请求地说"Please, please!"不知是我的执着打动了她，还是她被我烦得不行了，终于作了让步，说："Nineteen！"好歹降了 1 索尔！我立刻飞奔到妈妈面前，在领到 1 索尔后，我使劲按捺住心中的喜悦与激动，以最快的速度跑回去，把钱交给了老板娘。当我把又软又萌的天竺鼠捧在手里时，就像打了一场大胜仗一般。听我妈说，我跑回来时脸上笑得跟花儿一样，难怪一路的店主看到我都在小声地笑呢。后来，我妈问我，"如果不这样折腾一番，你是否会感到如此的快乐？"咦……！

在印加市场逗留了一个半小时，直奔机场。当路过被两层围墙、三道铁丝网包围着的日本大使馆的时候，我请导游让司机停车，快速下去拍了两张照片。这个使馆真是不同寻常，还有炮楼。这要起源于一次著名的人质劫持事件。

1996 年 12 月 17 日晚，日本驻秘鲁大使馆为天皇的寿辰奉行一年一度的庆祝宴会，一群全副武装的恐怖主义组织"图帕克—阿马鲁革命运动"成员冲进大使馆，劫持了 400 多名人质，经过 4 个多月的谈判、侦查，秘鲁救援部队才于 1997 年 4 月 22 日将恐怖分子一网打尽，营救出人质。

在利马的最后这一天，我们特别关注到了利马的水源问题。起因是我们抵达的第一天，曹导游说利马 100 年没下雨，而我们从库斯科回来的晚上，利马竟然下雨了。于是，曹导游的说法变成了没下大雨。为此，李健研究了利马的水源问题，她这样写道：利马，多雾却无雨，是著名的"无雨城"，建在沙漠之上，年均降雨量仅 21 毫米，属极度干旱的沙漠气候，号称已百年未下雨了。这从当地的房屋可见一斑：当地的普通房屋大多不建房顶，一则无须遮雨；二则根据秘鲁法律，房屋建成后需要交纳房屋税，而不加房顶则视为一直处于建设中，可省去一笔不菲的费用。利马虽旱，却气候温和，植物繁茂。良好的绿化，使其虽身处沙漠之中，却不见黄沙弥漫的景象，城市空气十分清新，纤尘不染，蓝天白云，让饱受雾霾之害的魔都人民羡叹不已。利马既无雨，又远离亚马孙水系，西接太平洋，那么，它的生活和生产用水是怎么解决的呢？是否如中东地区一般，水贵如油？经询问，当地居民似乎并无用水方面的困扰。据导游介绍，利马的水源来自安第斯山脉的雪水融化，乍一听，似乎是这么回事，仔细推敲，就发觉这是不可能的。2010 年利马的人口已达 822 万人，比照上海的人均用水标准，整个城市的需水量相当于 8 条上海的苏州河的流量！即使按上海人均用水标准的一半计算，融化的雪水也必须汇成 4 条苏州河才能满足利马的用水需要！雪山的形成是千百年来气候与地质条件平衡的结果，相对稳定，若真是如此持续而大量地融化，那必是人类气候与自然状况的一场大灾难。况且，雪山的融化也并非人们想象的那样，是持续均匀且温和的：2010 年 4 月 14 日，因气候变暖致使冰川开始消融，一个相当于 6 个足球场大小的巨大冰体从"Hualcan"冰川融断脱落，掉入位于秘鲁首都利马以北 200 英里安第斯山脉的一座高山湖泊中并引发了近 23 米高的海啸波。有 6 人在灾难中失踪，50 多所房屋被摧毁，还有一座向 6 万居民提供饮用水的水厂被淹没。

那么，利马的水源来自哪里呢？瑞马克河（The Rimac River）是秘鲁沿海沙漠仅有的地表水，从峡谷中冲出，短而急。很早以前，当地居民便会开凿水渠取瑞马克河水浇灌，并在丰水季将水储在水箱中以备旱季之用。从 16 世纪建城，直到 20 世纪，瑞马克河都是利马的主要水源，它提供了首都利马 70% 的需水量，其余则靠水井取地下水。正常情况下瑞马克河供水 21 立方米每秒，但干旱季节，利马不仅严重缺水，电力供应也严重不足，使水网的输水遭受影响。随着城市的扩张和工业的发展，利马的给水供应越来越紧张，同时，供水管理的混乱无效，也加剧了问题的严重性。清洁的自来水供应的匮乏，导致疾病蔓延，给执政当局造成了极大压力。事实上，秘鲁全国平均降水量 1691 毫米，对比厦门沿海区域年均降水量 1100 毫米，上海年均降水量 1200 毫米，可知秘鲁水资源丰富，但水资源地区分布极不均衡，东部地广人稀，降水丰沛，而西部太平洋沿岸地带，人口密集，经济发达，却干旱缺水，经济发展和人民生活受水资源短缺的严重制约。对此，秘鲁政府极为重视，从开源和节流两方面入手，采取了各项措施：通过立法和宏观规划，对水资源的开发利用和保护实施有效管理，提高用水效率；对水资源进行统筹规划，改善水资源配置，重点便是把东部丰富的水资源，调到西部干旱缺水的太平洋沿岸地区，即东水西调。东水西调系统工程主要包括圣洛伦索工程、首都利马供水工程及大名鼎鼎的马赫斯调水工程。其中的马赫斯－西瓜斯调水工程建在安第斯山区，是迄今为止世界上已建的海拔最高的调水工程，工程艰巨宏伟，开创了高山地区调水之先河。而首都利马供水工程，则是将东部亚马孙水系的水西调，为此在 4500 米高的安第斯山分水岭地区建了 40 千米明渠、9 千米隧洞和 5 座水库等工程，与马卡一期水电站工程衔接，最终将水送至首都利马。工程设计前瞻，施工质量优良，于 1999 年 4 月建设完成，至此，秘鲁首都利马彻底摆脱了缺水的困扰。也许是因为调水工程经过了安第斯山脉，利马居民才会想当然地认为是安第斯山脉的雪水哺育了全城的人民。

秘鲁之行即将结束，最后用导游曹晓苏的随笔概括和总结此行：我是一个生活在南美洲秘鲁的华文导游，掐指数来，已有 10 个年头的带团经历了。作为导游能有机会让我接触了许多来秘鲁的中国观光客，他们个个都瞪大眼睛，怀着好奇的目光或带着疑问的眼神，似乎忘记了那二十几个小时飞机上的疲惫，迫切地想明白这美丽国度背后的精彩！

　　有着 128.5 万平方千米、3000 万人口的秘鲁，以其资源广博、物产丰富，生态环境多样，民众热情好客以及厚重的旅游业而吸引了无数中外游客，尤其近年来中国游客甚多，给来过秘鲁的中国游客留下了美好而深刻的印象。今天就请随着我的视角去领略秘鲁的千奇百媚，去感受当地的民风、民俗、民情，去探究有着三千年古文明史的神奇，而又风情万种的历史古国的故事。

　　来秘鲁旅游，首站是首都利马，利马位临西太平洋，气候宜人，四季如春，每年的一二月份正是利马的夏季，每逢这一时段的中国游客个个都是迷恋于这海滨的凉爽气候。傍晚当你漫步在利马的海滨大道时，徐徐的海风迎面扑来，太平洋恰似蜿蜒匍匐在海岸线上，西下的骄阳像一轮"火球"在海的尽头徐徐落下。那夕阳的余晖像道道丝线撒在海平面上，光芒四射，宛如印加的"太阳之神"，守望着利马沿岸的儿女们！承载着三千年古文明的秘鲁，最负盛名的当数闻名于世的新七大奇观。马丘比丘，她吸引着成千上万的观光客"踩着"自己的心灵之旅前去观赏。神

秘的纳斯卡地画（纳斯卡线条），那是先人的杰作，给后人们留下了无数的疑问。而鸟岛（钦查群岛）的自然风光，可爱的洪堡企鹅，南美斑鸠，慵懒的海狮，海天合一，自然界的和谐，让游人们陶醉！被称为"母亲河"的亚马孙河，有着"贫穷的威尼斯"的雅号，以其原生态接纳了无数的背包客和观光游人，那森林里的虫鸣鸟叫，雨后的晴空万里，一抹彩虹挂在天际，乘坐的小艇行驶在亚马孙的支流中，迎面拂来阵阵凉风，好不惬意！一眼望去，天河相连！

秘鲁是世界 12 大矿产国之一，有多种矿产资源。秘鲁还有很多特产，产自安第斯山脉被誉为黄金般珍贵的羊驼制成的各种毛衣、围脖，让任何一位女性都爱不释手！有着"秘鲁人参"美誉的"玛咖"富含丰富的氨基酸，可以提高人体免疫力；还有超市及街头随处可见的五颜六色的各种水果，阵阵飘香沁人心脾，让你驻足流连，垂涎欲滴！秘鲁是一个农业大国，各种蔬菜、瓜果、五谷杂粮和鸡鸭鱼虾等海鲜应有尽有，只要是来过秘鲁的游人都必定会留下深刻的印象！而说起秘鲁的生态环境，她是世界上生物多样性最丰富的 7 个国家之一！由于秘鲁有着 28 种气候，在全球 117 种生态环境中秘鲁就拥有 84 种。山区的垂直温度梯田就是按照每一层梯田的不同温度来种植不同的庄稼，因此，农业、林业、畜牧业这些传统产业早已久负盛名！

但由于秘鲁仍是一个处在发展中的资本主义国家，贫富差距极大，因此，很多秘鲁的社会学家"戏言"秘鲁是一个坐在金板凳上讨饭的村姑。意为有取之不尽的自然资源，有待人们去开发、挖掘。然而，秘鲁却是一个好客的民族。人民非常的热情、纯朴，思想较单一，对中国人特别友好，没有种族歧视，很尊重中国人。我在这里生活了近 13 年了，感觉秘鲁人待人特真诚、朴实，但也由于较多的人比较古板，做事比较不会变通，因此办事效率不高。秘鲁人民的文明程度比较高，在一些公共场所的窗口、银行和其他机构，你会看见那些排着长队的民众在那耐心地等待着。秘鲁人的文明和耐心，是我们很多中国人需要学习和改进的。

由于职业的关系，我随团到过一位秘鲁人家作客，主人盛邀我们上坐，端出当时家里只有来了尊贵客人时才用的镀金的酒杯，满倒上"皮斯科"酒（被誉为秘鲁的"国饮"），这是对客人的最高礼仪。由此看出秘鲁人民对我们中国人尤为尊崇！而且秘鲁的大多数民众都很注重家庭的亲情，只要是节假日，他们都会放下手中的活或工作陪伴父母和家人，团聚家中，谈笑风生。秘鲁人的新年习俗是争吃葡萄，在除夕之夜，全家人团聚一起，等教堂零点钟声响起，便争先吃葡萄，并力求按钟声的节奏一颗一颗地吃，但只吃 12 颗，以许下 12 个愿望，希望在新年里梦想成真。秘鲁人的特点可以用这样几句话来概括：南美西部秘鲁人，珍惜光明心地纯；大多信奉天主教，崇拜祭祀太阳神；人人偏爱向日葵，把它视为民族魂；紫色倍加受赞赏，民间习俗必知闻；忌用"死亡"词诅咒。

说到这里，我想爱好旅行的中国人一定会感叹到秘鲁将不虚此行！作为导游，我非常希望能有越来越多的中国人来秘鲁，我很乐意向你们介绍秘鲁更多的人文历史、风土人情，让你们对秘鲁有一个更全面的认识，从而能真正喜欢上秘鲁。

我们抵达了利马机场，在机场，大家按照自己的喜好点了自助餐。晚上 9：15，KL0477 飞机起飞，经停阿姆斯特丹，换来 KL0895 飞机于上午 10 点多准时降落在上海浦东机场，这已经是中国的 2 月 27 日了。

后 记

最近三年，我带学生和一些成年人去了三次北极、两次亚马孙，做这种集科考、摄影、游玩于一体的旅行，有苦也有乐。其中最大的快乐之一，就是会结识一些特别棒的学生和家长。此次亚马孙之行的成员杨呈杰的妈妈这样告诉我她的心境：我知道我在孩子面前应该从强势妈妈逐渐退居后面，默默观望和支持孩子，这样孩子才会成为男子汉。这次孩子一定收获不小，谢谢！

另一位特别棒的团队成员就是李健女士，她这样描述此次行程：在此之前，我已不跟团旅游很多年了，但接到罗伟发来的邮件时，立即决定报名，事实证明了这个决定的正确性，这是一次贴心与专业服务的 VIP 享受。五星酒店，服务彬彬有礼，让人感受到尊重，而在"亚马孙之星"号上，不仅有五星品质的服务，还有宾至如归的温馨；南美人热情浪漫的性格，配上难得的细心、用心，让探险之旅轻松愉悦；碰面时热情洋溢的"Hello"、探险归来沁人心脾的 juice、每日床头有趣的毛巾折叠图案……一次午休后，我们的墨镜找不着了，可当探险归来，打开门时，不禁会心一笑：整洁的床上，一只毛巾狗，戴着墨镜，酷帅酷帅地迎接我们。真正的物有所值，则在于"亚马孙之星"号的专业服务；探险领队 Usiel 体格健壮，具有丰富的动植物知识，他喜欢像大将军般站在行进的船头搜

索，犀利的眼神常让我们惊叹：几十米开外，与密林浑然一体的小动物，且是在行进中，他是如何发现的？在他的带领之下，我们看到了美洲鬣蜥、夜鹰、松鼠猴、树懒、麝雉、僧面猴、凯门鳄、亚马孙河豚、红吼猴，还有王莲、含羞草、炮弹树……惊喜连连，大饱眼福！带给团员们物超所值体验的，则是本团领队张树义教授。我喜欢探究，知其然，更要知其所以然，而张教授则如同大自然的翻译，将她的秘密向我们娓娓道来：为什么会在白天看见蝙蝠？蝙蝠有哪些奇特的本领？犰狳和穿山甲是否有亲戚关系？亚马孙粉红河豚为什么是亚马孙独有的物种？树懒有什么习性？炮弹树有什么奇特之处？什么是植物的绞杀，什么又是附生？蜘蛛屋为什么独特？特别地，在张教授的指导下，我们倾听到了红吼猴原始而野性的吼叫……这道探险大餐，有滋有味！

还有一位不愿意透露自己身份的团队成员，这样写道：可能由于工作原因，经常在国内国外出差，我对旅行已经失去了年轻时的那种憧憬和激动；以前去过巴西和墨西哥，对南美洲没有什么特别的感觉；这次亚马孙之旅的成行也是很偶然地在两周内就决定了。我主要的目的是陪着孩子和家人一起度个假期，也就没有对此行抱有太多的想法。出发前感冒发烧，白天完成工作后，匆匆收拾了一下行李就出发了。在机场和团友照个面，认识了张教授，就找了个位置睡觉，没有太多的交流和认识新的朋友；在飞机上休息得还好，没有继续发烧，就这样到了利马；南美异国的情调和城市没有带给我任何的好奇和新鲜感；但对团队中的几个孩子感觉很好，他们都很有礼貌，很有个性，他们和我们这群成年人交流起来也很成熟；虽然不能以偏概全，但我觉得这批小朋友能代表国内大城市目前的教育现状：有个性，有见解，也很独立。一切的改变从来到伊基托斯，登上"亚马孙之星"号开始。热带雨林的感觉对于生活在大城市、温带的人来说，一切都是新鲜的。亚马孙宽阔原始的河流，充满神秘感的热带雨林，大量不知名的动植物，这一切都是自然界给我们这个地球的宝贵财富。亲近自然，让身心融化在这自然之中，点燃深埋在心中的激情，人会情不自禁地被这一切所吸引，忘却了时间，忘却了城市的喧嚣。每天登上冲锋舟都有全新的发现和体验，对旅游也有了别样的认识。自然赋予了我们新的生命内涵，那种久违的憧憬和激动又回来了。我感受最深的是当地的向导，他们除了英文流利外，都是当地的动植物专家。伊基托斯有 5 条这样的科考游览船，我们这条是服务和专业性最强的。两位向导都曾与大量的科学家在亚马孙丛林里参加过科学考察，并充当向导。他们对于这里的一切了如指掌，有了他们我们的考察活动有惊无险。我们戏称其中的一位 Usiel 为"犀利哥"。船上的日子很快就过去了，丝毫没有感觉无聊和枯燥。直到回国后，我最怀念的日子还是在亚马孙船上度过的时光。在这里要感谢张树义教授组织了这次科考活动，以后有机会一定继续参加。

冯乐程的妈妈李颋女士后来这样回忆道：结束秘鲁亚马孙之旅回到上海已过一周，那一片青翠葱葱，漂浮在水天相连汪洋之中的森林却一直晃动在我的眼前，望不到底，穹顶之上有透明的蓝天。亚马孙之行，让我看到一个全新的世界！作为带着孩子体验科考的母亲，那些色彩缤纷、形态多样的动植物极大地开阔了我们的眼界。更深刻的体会则来自生活在那里的人们：他们清澈明亮的眼睛，自然和善的笑容，面对艰苦环境从容生活的气魄，给予回到城市生活的我们一种焕然如新的感受，一种坚韧不拔迎接各种挑战的莫大鼓励。

　　首先不得不提的是每天起早摸黑带我们坐小船巡游的当地向导们。这些向导们受过良好教育，熟知亚马孙文化，具有二三十年带着科学家、考察专家穿梭雨林的经验。他们是名副其实的自然学家，活的亚马孙百科全书，丛林王国里的精英。Roquer 不大说话，一脸刚毅，初见感觉是那种能托付重任的人，这一点在后来的航行中得到了验证。他开船又快又稳，河道中随时出现的树枝、树桩、浮木、石头、绕桨的水草都能巧妙规避。尤其是在星光点点漆黑一片的夜航中，仅靠前甲板左右轮流打手电光导航，依然保持航行的流畅平稳，绝对是掌舵的高手。告别时我感谢他让我们享受了如此完美一路平安的航行，他脸上微微一动，这是舵手的微笑。Segundo 有着慈祥的笑容，说话温和，对各种动物如数家珍。当距离太远我们看不清动物时，他详细描述其姿态行为，还翻出秘鲁动物图册不厌其烦指给我们看是哪一种并拍照。夜航捉到小凯门鳄的就是他，掉到水里的也是他，当有人开他玩笑说还好凯门鳄宝宝的妈妈不在家时，他一如既往地笑起来，像位慈祥的老奶奶。Usiel 则是向导里的明星人物，在树丛中找寻动物，只要他掏出望远镜一望，镇静的眼神告诉你锁定了新的目标。随他的绿色激光笔一点，几十米外的蜥蜴、鹦鹉、猴子、树懒等都进入我们的眼帘。人与人不同，眼神差无穷啊。我终于相信世上确有百步穿杨的神人，今天遇见一位。他被一船考察队员尊封为犀利哥，当之无愧的犀利眼。还有一次他和 Roquer 带我们进入密林，眼看前后左右都是低垂下水的树枝没有路了，大家都开玩笑说这次真要挂了，连小乐也说，"如果我们被困住的话，就要改主题了，叫逃出亚马孙。"就在这时，Usiel 突然抽出一把大砍刀，左挥右舞，树枝随声而落，船不减速继续向前，他不停地砍同时提醒大家低头小心。对他的敏捷有力和身手不凡，令我们惊叹不已。至于这把大砍刀，后来在一个村子里被介绍是家家必备。姑娘出嫁还会摸摸小伙子的刀锋是否锋利再决定是否嫁给他，这是后话。

其次，还有居住在树丛中的村民。我们参观了几个村子，拜访了两个家庭，他们的茅草顶房子里面只有一些基本的生活用品，非常简陋，在远离城市的丛林里物质缺乏是一种常态。印象深刻的是，有一位母亲，容貌秀丽，茅屋里有她的两个双胞胎儿子和一个小女儿坐在吊床上玩耍。通过向导翻译和她聊天，说她看上去美丽又年轻，她笑着告诉我们她生了 9 个孩子，5 个已经长大离开家，还有 4 个留在身边。在这样物质匮乏的丛林中，只能靠种植点玉米、水果，捕鱼，要养大 9 个孩子，其艰辛可想而知。但她的脸上你看不到那种艰苦和疲惫，只有一种淡然的沉静，还有和善的笑容。船上向导们把早上野餐多余的水果食物送给她，她平静地叫大女儿拿箱子装起来。当我们一行人参观完她的房子准备离开时，我看见她把一锅经过处理洗干净的鱼不动声色地递给船上的向导，估计本来是他们的晚餐食材，她回赠给向导们做晚餐了。他们没有说话，但那一刻，他们之间那种朴实自然，和谐的关系深深地打动了我，茅屋陋室中也有美好和幸福。她是一个温柔强大的女人，幸福的母亲。

最后，难忘的还有在大船上为我们提供服务的人们。白天他们是客房服务员，餐厅服务员和酒吧侍者，服务专业到位；等到夜暮降临，他们换上民族服装，摆好乐器，吹拉弹唱，就是一支超一流乐队，Usiel 和 Segundo 也加入其中，Usiel 则做鼓手。在南美欢乐的旋律中，Usiel 跳起欢快的舞步并邀请大家一起跳，看没人去我就上去和他对跳，拍手转一圈，节奏越来越快，非常尽兴。后来湖南来的电视摄影大哥跟我说——还好你跳得不错，给咱中国人长脸了，否则他们以为我们中国人不会跳舞呢。哈哈，在白猫黑猫向前冲的时代，跳舞也能为国争光，真是荣幸啊。那些美妙的音乐，还有他们发自心底对音乐的追求和热爱，一直感染着我。当我驾车飞驶在上海钢筋水泥的高架桥上，音乐从他们录制的碟片里飞出来，带给我美好的一天又一天。

　　总之，2015 年亚马孙之行成为一段美好的记忆，也是送给小乐儿最好的生日礼物。在小船飞驶水面的某个黄昏，小乐的笑脸背映着晚霞，一瞬间，小学时父亲带我过三峡那两岸的漫山红叶的情景也涌上心头，鲜艳无比，温暖如春，犹如那粉红海豚偶尔跃出水面一样，让你惊喜，让你珍惜。

　　整个科考与摄影之旅其实分成两个部分：第一是亚马孙河；第二是马丘比丘。感觉得到，绝大多数团员更喜欢的是前者。罗雅丹是一个多愁善感的美女，她这样回忆亚马孙：亚马孙之行真的结束了。脑海中像影片放映一般，此行的点点滴滴都历历在目，泪水也忍不住夺眶而出。我不是个矫情的人，但亚马孙带给我太多直击心底的触动。我是在母亲河——湘江的哺育下长大的孩子，但我对于湘江的热爱（保护）远不及亚马孙河沿岸的居民以及在亚马孙河上工作的 Segundo 和 Usiel。当我们还在向母亲河索取时，亚马孙的孩子们正在尽他们的绵薄之力保护着她；当我们还在抱怨母亲河所带来的灾难时，亚马孙的孩子们正在用他们的行动去改善着她。我们拥有良好的教育和先进的科学技术，但我们缺失的是那一颗纯朴、奉献和感恩的心。谢谢你，亚马孙！

　　带着美好的记忆与回忆，2015 年春节亚马孙之旅结束了。但我每年寒暑假组织的科考与摄影之旅，还将继续下去，目的地是全世界最值得去的地方。从亚马孙回国后的三个月，我收到消息，罗雅丹等三人拍摄的纪录片《探秘亚马孙》，获得了第四届湖南省优秀科普作品奖。赵诗晨关于亚马孙的摄影作品和游记文章，在《舟山日报》连载刊登。我相信，亚马孙之行会给每位同行者带来更多深远和美好的影响。